地面自动气象站
实时资料自动质量控制

DIMIAN ZIDONG QIXIANGZHAN SHISHI ZILIAO ZIDONG ZHILIANG KONGZHI

封秀燕　编著

气象出版社
China Meteorological Press

内容简介

针对地面自动站实时气象资料质量控制的技术难点，采用历史统计、类比联系、人工模拟等客观分析方法，时间和空间检验方法，并依据这些方法开发软件形成气象资料自动质量控制系统，实现各要素配合综合分析判断。解决局地性和突发性天气影响及天气系统边缘影响下的实时资料质量控制关键技术；创新四方位水平空间一致性综合分析方法，介绍开发集研究与应用为一体的开放式实时质量控制平台设计，自动站地面气象资料质量控制软件系统，实现了对实时观测资料的质量控制，提高实时气象资料质量控制准确率，具有较高应用价值。

本书可供从事地面自动站气象资料质量控制的业务、科研、教育、管理人员及学生参考。

图书在版编目（CIP）数据

地面自动气象站实时资料自动质量控制/封秀燕编著.—北京：气象出版社，2017.1（2020.5重印）
ISBN 978-7-5029-6511-2

Ⅰ.①地… Ⅱ.①封… Ⅲ.①自动气象站－气候资料－质量控制 Ⅳ.①P468

中国版本图书馆CIP数据核字（2017）第002758号

地面自动气象站实时资料自动质量控制

出版发行：气象出版社
地　　址：北京市海淀区中关村南大街46号　　邮政编码：100081
电　　话：010-68407112（总编室）　010-68408042（发行部）
网　　址：http://www.qxcbs.com　　E-mail：qxcbs@cma.gov.cn
责任编辑：杨泽彬　　终　　审：邵俊年
责任校对：王丽梅　　责任技编：赵相宁
封面设计：八度
印　　刷：北京建宏印刷有限公司
开　　本：710mm×1000mm　1/16　　印　　张：5
字　　数：62千字
版　　次：2017年1月第1版　　印　　次：2020年5月第3次印刷
定　　价：48.00元

参与编写人员

何志军　王荷平　何利德

吴书成　吴京生

目录

第1章 绪论

1.1 现状和趋势 …… 1
1.2 研究内容 …… 2
1.3 关键性技术难点 …… 2

第2章 地面自动站气象资料质量控制常规方法

2.1 格式检查 …… 5
2.2 理论限值检查 …… 6
2.3 气候极值检查 …… 7
2.4 要素相关性检查 …… 7
2.5 时间一致性检查 …… 8
2.6 水平均一性检查 …… 9

第3章 四方位空间一致性综合分析质量控制方法

3.1 水平空间四方位划分方法 …… 12
3.2 四方位水平空间一致性综合分析的原理 …… 13
3.3 实例分析 …… 15
3.4 应用说明 …… 19

第4章　自动气象站实时资料质量控制开放式平台设计

4.1　开放式实时质量控制平台的基本结构及特性 ········ 21
4.2　实时质量控制方法的应用设计 ························ 24
4.3　多种方法的质量控制结果的综合分析 ················ 25
4.4　试用情况 ·· 29
4.5　应用说明 ·· 33

第5章　地面自动气象站实时资料质量控制终端软件

5.1　概况 ·· 34
5.2　用户设置 ·· 40
5.3　质量控制显示设置 ······································ 42
5.4　质量控制信息显示 ······································ 47
5.5　数据曲线图 ·· 48
5.6　质量控制信息分类统计 ································ 52

第6章　应用效果示例

6.1　实例1 ·· 54
6.2　实例2 ·· 55
6.3　实例3 ·· 55
6.4　实例4 ·· 56
6.5　其他错误 ·· 57

后记 ··· **59**
参考文献 ·· **60**
附录A　实时资料质量控制平台接口使用说明 ·············· **62**

第1章
绪　论

截至2015年，气象部门在全国已建国家级自动气象站（简称自动站）和区域自动气象站共30000多个。全国自动站观测资料从2006年开始逐步实时上传，其对于气象精细化预报、公共服务、防灾减灾服务等发挥了重要作用。但高时空密度自动站气象资料准确性影响其使用效果，这就要求有合理的技术方案对资料进行质量控制。气象资料质量控制的主要目的是为了保证资料的质量，重点是对错误数据进行检测。它是数据收集、服务与产品制作过程中必不可少的重要环节。

1.1　现状和趋势

早在2002年世界气象组织基本系统委员会组织专家组对综合自动气象站数据制定了质量控制标准。最近十年以来，我国气象工作者在地面实时观测资料自动质量控制方面做了大量研究工作，发展了许多质量控制技术，并应用于气象业务中。但存在地面自动站实时资料质量控制准确率不高，尤其在局地性和突发性天气或天气系统边缘影响下的实时资料质量控制，普遍存在资料控制准确率低。自动站实时资料质量控制系统存在提示错误信息很多，实际资料是正确的，误判严重；或者提示错误信息很少，错误资料检查不出来，漏查严重。

1.2 研究内容

自动气象站实时观测资料的质量控制方法并不是单独的技术问题，其与信息流的管理模式密切相关。提高自动站资料质量，关键在于提高基层台站的资料质量，数据质量控制要素包含所有由仪器自动观测的项目实时（逐时）要素，有：云 2 min 平均风向、2 min 平均风速、10 min 平均风向、10 min 平均风速、最大风向、最大风速、瞬时风向、瞬时风速、极大风向、极大风速、降水、气温、最高气温、最低气温、相对湿度、最小相对湿度、水汽压、露点、本站气压、最高气压、最低气压、草温、最高草温、最低草温、0 cm 地温、0 cm 最高地温、0 cm 最低地温、5 cm 地温、10 cm 地温、15 cm 地温、20 cm 地温、40 cm 地温、80 cm 地温、160 cm 地温、320 cm 地温、海平面气压。

针对技术难点研究自动气象站（包括区域站）实时观测资料的自动质量控制方法，开发一套完整的开放式实时资料自动质量控制平台，提高质量控制准确率，并为今后深入研究、开发和改进奠定基础。

1.3 关键性技术难点

1.3.1 在局地性和突发性天气或天气系统边缘影响下的实时资料质量控制方法的研究

内部一致性、时间一致性和空间一致性分析是自动质量控制中常用的基本质量控制方法，但时间一致性分析和空间一致性分析只能在时、空变化平缓的天气系统环境下使用效果较好。当出现局地性和突发性天气时，气象要素的时间和空间分布会出现明显的不连续现象，这是采用时间一致性分析和空间一致性分析往往会发生错误的判断，而降水、大风等要素的内部一致性较差，所以在这种情况下有效地进行质量控制是迫切需要解决的一个技术难点。

1.3.2 开放式实时资料自动质量控制平台的开发

实时资料自动质量控制是一个新的技术领域，目前尚处于研究和试用性阶段，一个项目组在短期内不可能成功地开发一套成熟而完整、能满足业务需要的实时质量控制系统。所以开发一套开放式实时资料自动质量控制平台，构建统一的实验和业务化环境，确保研究成果具有可继承性特点，能不断改进、提高和完善。

第2章

地面自动站气象资料质量控制常规方法

质量管理的目的是在一个可实施的最低成本水平上确保提供应用的资料符合各种要求，包括不确定度、分辨率、连续性、均一性、代表性、时限、格式等。

提供高质量的气象资料不是一件简单的事情，没有一套完善的质量管理系统而想提供高质量的气象资料是不可能的。最好的质量管理系统应在整个气象观测系统的各个方面连续运作，从站网规划和培训，通过安装和气象站操作到资料传输和归档；还包括时间尺度从近实时至年度检查的反馈和后续供给。

实时资料控制通常在气象站和气象分析中心进行。对自动站采集数据文件的质量控制包括：格式检查、理论限值检查、气候极值检查、要素内部一致性检查、时间一致性和空间一致性检查等控制方法。

2.1 格式检查

格式检查是逐一检查气象数据文件名称、时间、内容排列符合全国统一数据格式标准，是对数据进行质量检查前的预处理检查。主要检查文件中的数据录入格式及数据范围是否与《地面气象观测数据文件格式和记录簿表格式》中规定的文件格式一致。另外，进行台站参数中区站号、年、月与文件名中的区站号、年、月的一致性检查，检查文件中的其他台站参数如经纬度、海拔高度等是否与台站参数表一致。格式检查主要进行以下 10 项检查：①一致性检查；②文件结构检查；③台站参数检查；④指示码和方式位检查；⑤要素顺序及完整性检查；⑥数据长度及合法性检查；⑦数据行数与组数检查；⑧质量控制码检查；⑨标识符检查；⑩相关性检查。

格式不符合统一规定的资料为错误资料。

2.2 理论限值检查

理论限值是指从气候角度不可能出现的要素临界值，或超出使用测量仪器量程范围的数据，资料形成时规定采用的表示方式和范围。即某一要素是否与规范、观测设备、大气和地表等自然状态相矛盾的检查方法。如无效符号、超出仪器测量范围、超自然现象（日照）等。所有超出要素的理论限值或允许值范围的资料为错误资料。理论限值检查也称为野值检查，部分常规要素允许范围如表 2.1 所示。

表 2.1 部分常规要素允许范围

要 素	允许范围	要 素	允许范围
海平面气压	870 ~ 1100 hPa	风速	0 ~ 75 $m \cdot s^{-1}$
本站气压	400 ~ 1100 hPa	风向	16 方位或 0° ~ 360°
气温	−75 ~ 80 ℃	云量	0 ~ 10 成
地面温度	−90 ~ 90 ℃	日降水量	0 ~ 1800 mm
露点温度	−70 ~ 40 ℃	小时日照时数	0 ~ 1.0 h
水汽压	0 ~ 70 hPa	小型蒸发	0 ~ 20 mm（干燥地区 0 ~ 30mm）
相对湿度	0 ~ 100%	大型蒸发	0 ~ 100 mm

2.3 气候极值检查

气候极值是指某个固定测站历史记录中某要素曾出现过的最大值（最小值），某一要素值是否超出极值与当地极端气候相矛盾的检查称为气候极值检查。对超出测站要素极值的观测资料，必须做进一步检查，以判断资料正确与否。质量控制系统的应用过程中，需根据实际情况对极值表进行更新。制定的台站极值表是台站各不同要素（项目）累年各月最大值（max）或最小值（min）。检查要素主要包括：月最高、最低气温，月最高、最低气压，月最高、最低 0 cm、5 cm、10 cm、15 cm、20 cm 地温，月最小相对湿度，月最大 10 min 平均风速，月最大极大风速。

2.4 要素相关性检查

要素相关性检查，又称内部一致性检查。即某一要素值是否与同一时刻其他相关要素值相矛盾的检查方法。对固定测站不同要素或项目之间是否符合某种物理联系的检查称之为内部一致性检查。基于同一时刻所测得的要素之间存在着不同程度的相关的事实，对某些有物理特征关联的气象要素之间是否保持一致为依据进行检测。例如：极大风速、最大风速、平均风速的相关性检查；气压、气温、湿度之间的相关性检查等。检查某要素自身变化是否合理，以及与其物理特性相关联的其他要素是否一致。如不符合，其中之一为错误资料。举几种常见相关如下：

日最低气压≤当日各时气压≤日最高气压；

日最低气温≤当日各时气温≤日最高气温；

日地面最低气温≤当日各时地面气温≤日最高地面气温；

日草面最低气温≤当日各时草面气温≤日最高草面气温；

最小相对湿度≤日各时相对湿度；

气温≥露点温度（$T \geqslant T_d$）；

总云量≥低云量；

极大风速≥最大风速≥ 10 min 平均或 2 min 平均风速；

风向角度为 0° 时，风速≤ 0.2 m • s^{-1}。

2.5 时间一致性检查

时间一致性是检查相同要素在一定时间间隔内是否超出一定范围的变化率。时间一致性检查是利用大气状态具有相对稳定性的特点，将当前某一要素值与过去值的比较分析方法。各要素资料不能超过一定时间内的变化范围，超出范围的资料为可疑数据。时间一致性检查方法有多种，如差值法、比值法、回归法等。这里介绍一种简单有效的时间一致性检查方法——差值法，1 min 差值、10 min 差值、30 min 差值、1 h 差值、1 h 最高最低差值、24 h 差值、24 h 数据无变化检测等。如：下列各要素变化必须符合以下各时间段差值范围内，否则视为可疑。

气温 24 h 变温≤ 50 ℃；

气压 24 h 变压≤ 50 hPa；

气温 1 h 变温≤ 8 ℃；

气压 1 h 变压≤ 10 hPa；

相对湿度 1 h 变量≤ 50%；

气温 1 min 变温≤ 3 ℃；

气压 1 min 变压≤ 3 hPa；

相对湿度 1 min 变量≤ 10%。

以上供参考，可根据统计调整。根据各气象台站统计各要素不同时间变化最大差值作为该站的差值阈值，质量控制效果更好。用要素随时间变化曲线图分析更直观。

2.6 水平均一性检查

水平均一性检查是指利用大气状态具有水平连续性的特点，将本站某一要素值与相邻站要素值的比较分析方法。其有效性取决于观测站网的密度和被检参数与空间的相对关系程度。利用与被检查台站相邻的台站同时观测的气象要素进行比较，或相同时间内观测的气象要素变化量来比较，或利用邻近测站观测值通过一定的插值方法计算出被检查台站的估计值与观测值的比较进行，判断资料的正确与否。建议使用被检查台站相邻的台站相同时间内观测的气象要素变化量来比较更有效。

一般将所有落在本站为中心、250 km 为半径的圆内的台站定义为站，站站之间距离根据计算公式：

$$D(A_1A_2)=R\mathrm{arccos}[\sin Q_1\sin Q_2+\cos Q_1\cos Q_2\cos(\Phi_1-\Phi_2)] \tag{2.1}$$

式中Φ_1，Q_1 为 A_1 点经度、纬度；Φ_2，Q_2 为 A_2 点经度、纬度；R 为地球半径，这里取平均值 6371 km，通常选取离本站最近的 5 个站为参考站。

另外，介绍两种空间一致性质量控制方法。

2.6.1 要素变化量空间一致性质量控制方法

使用周围若干邻近站相同时间内观测的气象要素变化量的资料组成一个序列，统计序列的中值、加权均值和加权标准差，对于被检数据与加权均值的绝对差值大于等于 3 倍加权标准差的值认为是错误记录，对于被检数据与加权均值的绝对差值大于等于 2 倍加权标准差的值认为是可疑记录。

2.6.2 Madsen–Allerupt 空间一致性质量控制方法

Madsen-Allerupt 方法是对周围若干邻近站同时刻某要素观测值进行由小到大排序，利用排序后的 1/4、2/4、3/4 分位值，计算统计量 Tit：

$$\mathrm{Tit} = (\mathrm{xit} - q_{t,2/4}) / (q_{t,3/4} - q_{t,1/4}) \quad (2.2)$$

式中 xit 为被检站 t 时刻某要素观测值，$q_{t,1/4}$、$q_{t,2/4}$、$q_{t,3/4}$ 为邻近站 t 时刻该要素观测值进行由小到大排序后的 1/4、2/4、3/4 分位值。

当 |Tit| 超过规定值时，认为被检站 t 时刻该要素观测值可疑。

第3章 四方位空间一致性综合分析质量控制方法

地面气象观测资料的水平空间一致性分析，是利用气象要素自然分布具有连续性和均匀性的特点，将某一被检测站的观测资料与其周围其他邻近测站的资料进行比较分析，从而判别该要素是否正常。地面气象观测资料的水平空间一致性分析方法，是地面气象观测资料质量控制工作中常用的方法，其对于分析降水、风等内部一致性比较差的要素具有重要的作用，也是对单要素（或观测项目较少，不能进行内部一致性分析）区域自动站观测资料进行质量控制的有效方法。目前使用较多的空间一致性分析方法有空间插值方法、空间回归检验法、气候统计比较法、Madsen-Allerupt 方法等。这些分析方法都有一个共同的特点，即假设被检站与邻近站都处于同一天气系统中。但事实上，某一个站在某一时刻可能与邻近站不在同一天气系统中，特别是在雷暴等小尺度天气系统影响时经常有这种情况。这种情形下，使用上述空间一致性分析进行实时资料分析时就极易造成错误的判断。如果使用上述空间一致性分析方法，将被检测站的资料与其周围四个不同方位上的邻近站资料分别进行分析，然后再进行综合分析判断，就可克服上述的缺陷。下面就如何采用这种方法来实现水平空间一致性检验进行论述。

3.1 水平空间四方位划分方法

3.1.1 水平空间网格设计

为了进行四方位水平空间一致性综合分析，需要将被检站四周一定范围内的水平空间进行网格化处理。网格的分辨率（即网格内每一单元的空间尺度）应大于该区域气象站的布点密度。如果该区域内气象站之间的最小距离为 10 km，则网格分辨率可设为 9 km 或更小。一般情况下气象站的布点密度不会小于 5 km，所以网格密度一般可设置为 3 ～ 4 km。

3.1.2 水平空间四方位分割

水平空间网格化设计确定后，需要以被检站为中心点，将其四周一定范围内的水平空间合理地划分四个方位。四方位分割法如图 3.1 所示，图 3.1 中的 *A* 为被检站所在位置。

3.1.3 水平空间比较范围的确定

水平空间比较范围的大小根据不同的被检要素来确定，对于强降水、大风等局地性明显的要素，可以将被检站四周 30 km 区域作为比较范围；对于气温、气压等局地性不很明显的要素，可以将被检站四周 50 km 区域作为比较范围。在具体确定水平空间比较范围时，还应根据当地自动气象站的分布密度进行适当调整，同时各个方位的区域大小可以不一致，以确保每一方位上有足够的邻近站个数。

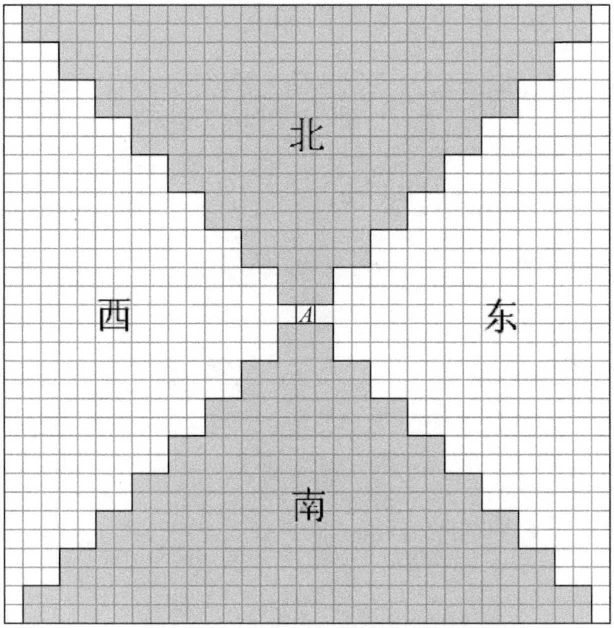

图3.1 水平空间四方位分割示图

3.2 四方位水平空间一致性综合分析的原理

图 3.2 所示为被检站与天气系统的典型位置关系。其中阴影部分表示受某一天气系统影响的区域。*A* 表示处于该天气系统边缘，并已经受该天气系统影响的被检站；*B* 表示处于该天气系统边缘，但未受该天气系统影响的被检站。

从图 3.2 中可知，如果采用一般的空间一致性分析方法，则在“情形 1”的情况下对被检站资料的可信度能做出较准确的判断，但在“情形 2”—“情形 5”的情况下其判断往往会发生错误。如果将被检站四周的邻近站根据其所处的方位分为 4 个方位组，然后将被检站与每一个方位组中的邻近站分别进行空间一致性分析，从而获得 4 个分析结果，再根据这 4 个分析结果进行综合分析，就可对被检站的资料做出较准确的判断。综合分析的参考规则如下：

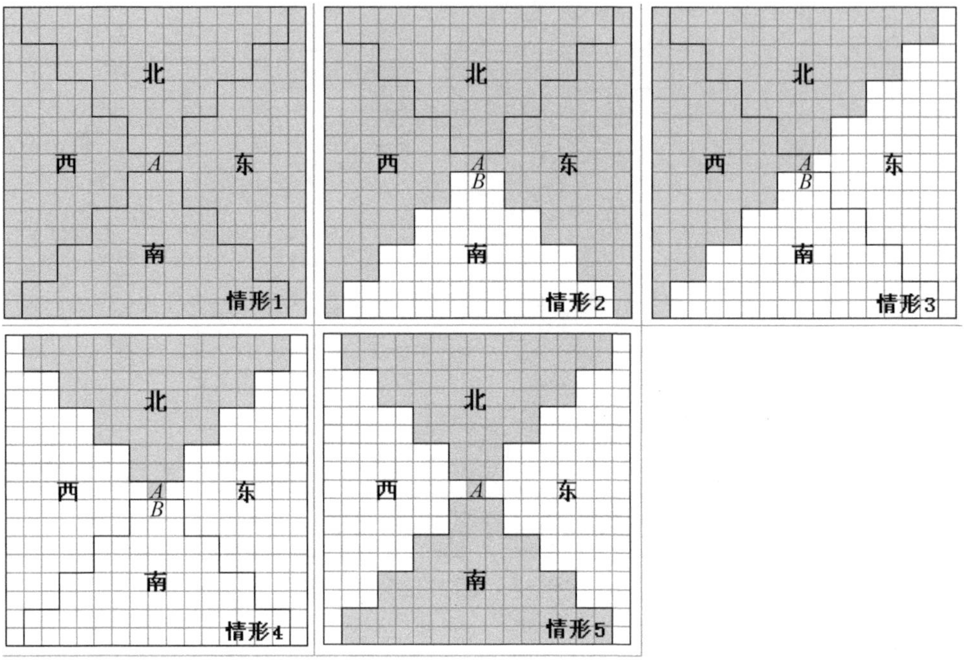

图3.2　被检站与天气系统的典型位置关系示图

(1) 如果连续 2 个以上方位组的资料与被检站资料的空间一致性较好，则认为被检站资料可信。

(2) 如果只有 1 个方位组的资料与被检站资料的空间一致性较好，并且都是强降水或大风，则可以认为被检站资料可信，否则认为是可疑。

(3) 如果方位相差 180° 的 2 个方位组的资料与被检站资料的空间一致性较好（如图 3.2 中的“情形 5”），并且都是强降水或大风，则可认为被检站资料可信，否则认为是可疑。

上述四方位水平空间一致性综合分析的效果，决定于其所采用的基本空间一致性分析方法的效果。如果所采用的基本空间一致性分析方法，在被检站与邻近站都处于同一天气系统影响下时（即图 3.2 中的“情形 1”）其分析效果较好，则在四方位水平空间一致性综合分析时具有同样的效果，因为它避免了由于天气系统边缘气象要素分布不连续对基本空间一致性分析效果的影响。

3.3　实例分析

3.3.1　实例分析1

2009 年 2 月 19 日上午，浙江省中、南部地区受地面暖气流影响，气温异常偏高，达二十多摄氏度。但从 14 时起，受冷空气影响，气温剧降。其中浙江中部的尖山自动气象站 14 时气温升至 23.3 ℃，而到 17 时气温降至 11.7 ℃。17 时，冷空气锋面已过尖山站，而尖山以南尚未受冷空气影响，所以在尖山附近的气温分布呈现明显的不连续现象。图 3.3 是尖山站附近 12—17 时的气温变化情况。

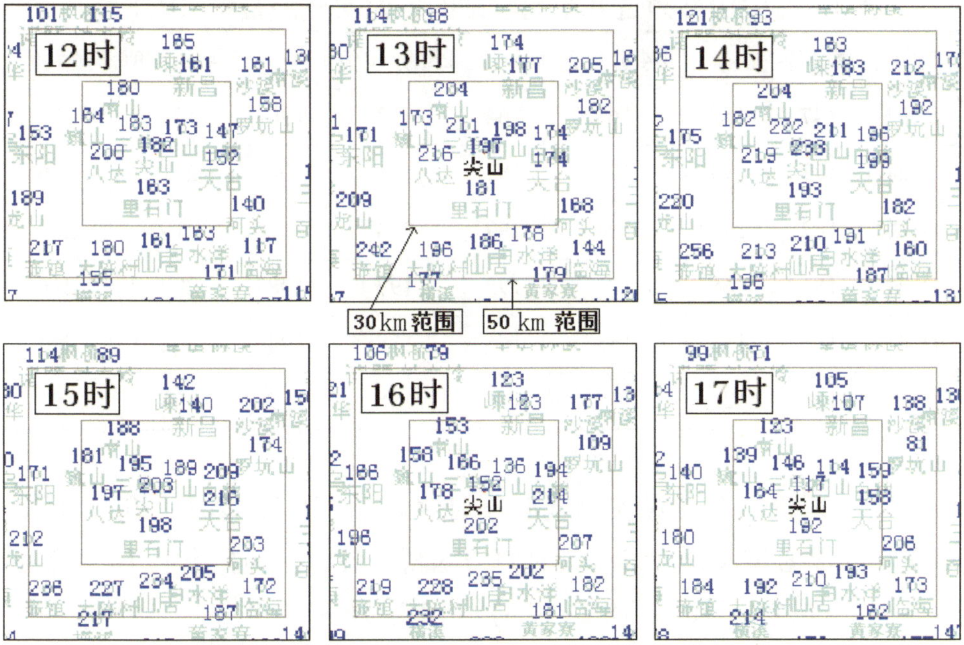

图3.3　2009年2月19日12—17时尖山站附近气温分布情况（0.1 ℃）

下面采用Madsen-Allerupt方法对尖山站气温资料进行分析。Madsen-Allerupt方法是通过对被检站周围若干邻近站同一时刻的某要素观测值进行由小到大排序，利用排序后的1/4、2/4、3/4分位值，计算标志值Tit，计算方法如下：

$$\text{Tit} = (\text{Xit}-Q_{t,2/4}) / (Q_{t,3/4}-Q_{t,1/4}) \tag{3.1}$$

式中Xit为被检站 t 时刻某要素观测值，$Q_{t,1/4}$、$Q_{t,2/4}$、$Q_{t,3/4}$ 为邻近站 t 时刻该要素观测值进行由小到大排序后的1/4、2/4、3/4分位值。

当Tit的绝对值超过某一规定值时，认为Xit值可疑。

首先采用一般的做法，取尖山站附近60 km×60 km范围内（即距被检站30 km内）的南山、巍山、三单、回山、白鹤、八达、天台、里石门8个站作为比较站。将这8个站12—17时的气温资料分别进行从小到大排序，如表3.1所示。

表3.1　尖山站附近8个比较站的各时次气温资料（0.1 ℃）

时间	最小值	—	1/4分位值	—	2/4分位值	—	3/4分位值	最大值
12时	147	152	163	164	173	180	183	200
13时	173	174	174	181	198	204	211	216
14时	182	193	196	199	204	211	219	222
15时	181	188	189	195	197	198	209	216
16时	136	153	158	166	178	194	202	214
17时	114	123	139	146	158	159	164	192

12—17时，尖山站实测气温分别为18.2、19.7、23.3、20.3、15.2、11.7 ℃。根据Madsen-Allerupt计算方法得到各时次的标志值Tit如下：

12时：Tit =（18.2−17.3）/（18.3−16.3）= 0.45

13时：Tit =（19.7−19.8）/（21.1−17.4）= −0.03

14 时：Tit = (23.3−20.4) / (21.9−19.6) = 1.26

15 时：Tit = (20.3−19.7) / (20.9−18.9) = 0.30

16 时：Tit= (15.2−17.8) / (20.2−15.8) = −0.59

17 时：Tit= (11.7−15.8) / (16.4−13.9) = −1.64

从计算结果分析，在通常情况下尖山站的 |Tit| 值小于 1.00。14 时，附近各站 1 h 内气温上升 1.0 ~ 2.0 ℃，而尖山站气温异常地上升 3.6 ℃，就是在这种情况下 14 时的 Tit 值也只有 1.26。所以，如果用 1.50 的 |Tit| 值去检验 17 时的气温，就会认为尖山站 17 时的气温是可疑的。

下面采用四方位综合分析方法，对 17 时尖山站的实测气温进行检验。采用四方位综合分析时，因为被检站处于各方位组的边缘，所以应在更大些的区域内确定比较站，同时 Tit 的最大值也应该适当放宽。现在取尖山站附近 100 km × 100 km 范围内（即距被检站 50 km 内）的嵊州、新昌、南山、三单、回山 5 个站作为北方组；沙溪、白鹤、罗坑山、天台、河头、临海 6 个站作为东方组；里石门、白水洋、大陈村、黄家寮、横溪、仙居 6 个站作为南方组；巍山、八达、东阳、龙山、壶镇 5 个站作为西方组。将这四个组 17 时的气温资料分别进行从小到大排序，并分别计算 Tit，如表 3.2 所示。

表 3.2 尖山站附近四方位组各时次气温资料（0.1 ℃）及 Tit 值

时间	最小值	1/4 分位值	—	2/4 分位值	3/4 分位值	最大值	Tit 值
北方组	105	107	—	114	123	146	0.19
东方组	81	138	158	159	173	206	−1.20
南方组	162	192	192	193	210	214	−4.22
西方组	139	140	—	164	180	184	−1.18

从表 3.2 可知，17 时尖山站实测气温资料与北、东、西 3 个方位

上的邻近站同时刻的气温资料具有较好的空间一致性，而与南方一组的邻近站气温资料的空间一致性较差，其 |Tit| 高达 4.22。通过对 4 个 |Tit| 值的综合分析后可以确定，尖山站因受冷空气影响而使气象剧降，而其南面还没有受冷空气影响，尖山站处于冷空气锋面的边缘，所以尖山站 17 时的气温应为正常。

3.3.2 实例分析2

本例采用四方位水平空间一致性综合分析方法，对降水资料空间一致性的人工经验分析方法进行模拟。图 3.4 是 2008 年 8 月 25 日 16 时和 19 时大奇山及余姚附近 30 km 范围内的 1 h 降水量分布情况。

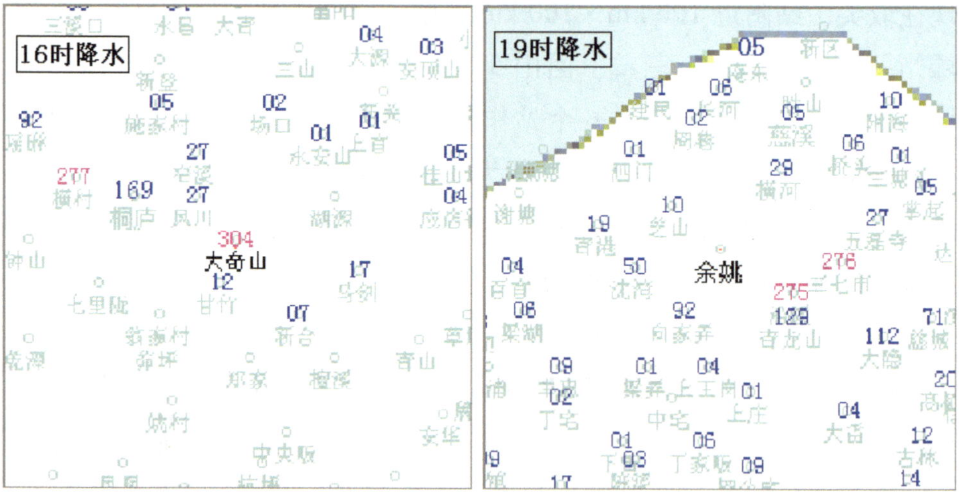

图3.4　2008年8月25日16、19时大奇山及余姚附近降水分布情况（0.1 mm）

根据图 3.4 所示，大奇山测站 16 时的降水量为 30.4 mm。采用四方位水平空间一致性综合分析方法，可以判别出该站的降水量与其北、东、南 3 个方位上的邻近站降水量的空间一致性较差，而与其西面方位上的几个邻近站降水量的空间一致性较好，所以根据经验判断，大奇山测站的 16 时降水量是可信的。事实上，该日 16 时在横村附近出现局地性热雷暴天气，并产生强降水现象，雷暴自西向东移动，在横村、桐庐、大奇山一带产生强降水现象。

在图 3.4 中，余姚站 19 时无降水，而该站四周多数邻近站均有降水，邻近站的降水情况统计如表 3.3 所示。

表 3.3 余姚站附近四方位上邻近站 19 时降水量情况统计

方位	有降水的测站数	各站平均降水量（mm）	无降水的测站数
北	7	0.7	2
东	11	7.4	0
南	12	2.3	1
西	7	1.4	2

从表 3.3 可知，余姚站各方位上有降水的测站数均占该方位内总测站数的 1/2 以上，且东、南、西 3 个方位上的平均降水量大于 1.0 mm，根据经验，余姚测站的 19 时降水量是可疑的。事实上，余姚站该日 19 时的降水量为 9.2 mm，因网络等原因而未上传资料。

3.4 应用说明

（1）利用该方法，在冷空气或雷暴等天气系统影响下，当气象资料的水平空间分布出现明显的不连续现象时，可以降低气象资料的误检率。特别是在局地性强降水和极端异常天气发生时，可明显提高实时质量控制的准确率。

（2）对浙江省 76 个自动气象站的气温和降水资料进行实时质量控制试验，经过 3 个月的试验，气温资料误检率为 0.05‰，错误气温资料检出率为 100%；降水资料误检率为 0.03‰，降水资料检出率为 100%。

（3）上述采用四方位统一的对称划分方法，这对综合分析效果有一定影响。如果能根据邻近站的不同地理状况进行不对称的方位划分，则可提高综合分析能力，这需要今后进一步研究和改进。

第4章 自动气象站实时资料质量控制开放式平台设计

我国气象工作者在实时观测资料自动质量控制方面做了大量研究工作，发展了许多质量控制技术，并应用于气象业务中，但由于没有统一的实验和业务化环境，研究者必须自己构建和维护质量控制的运行信息环境及操作平台，而该项工作专业性强，并且需要花费大量的时间和精力；同时，由于研究者的研究内容具有一定的选择性，某项研究成果往往针对质量控制中某一方面的问题，不能独立投入业务化运行。正因为这样，研究人员为了完成某一方法的研究和应用工作，就不得不去建设一个质量控制系统，结果是各部门造成大量的重复劳动，不但影响了研究成果的质量和业务化进程，也加重了研究人员的工作负担。开放式实时资料质量控制平台，旨在解决上述问题，为实时质量控制方法的研究和业务化提供统一的运行环境，以促进实时质量控制方法的研究和业务化进程。

4.1 开放式实时质量控制平台的基本结构及特性

开放式实时质量控制平台基本结构如图 4.1 所示，其主要特性介绍如下：

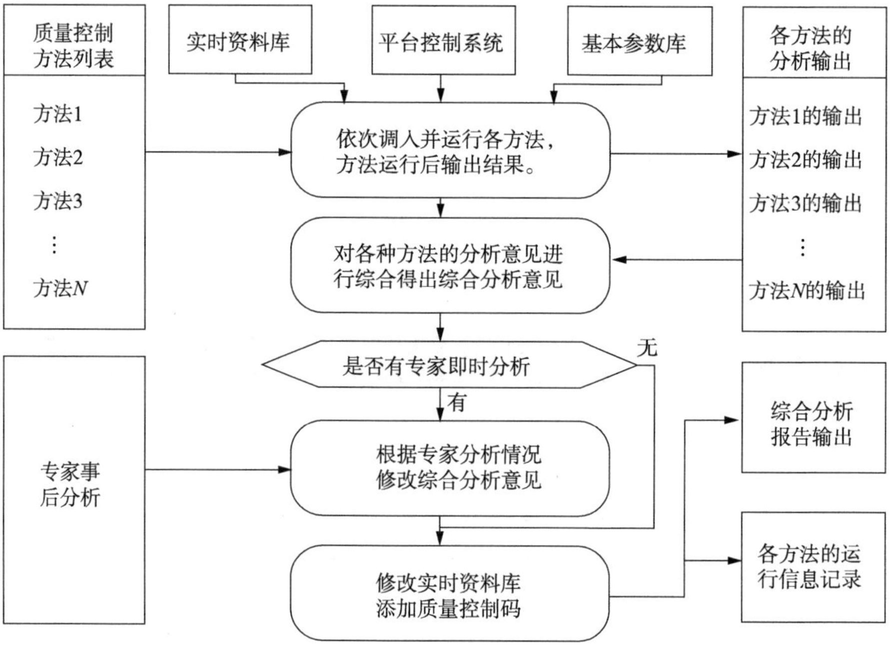

图4.1 开放式质量控制平台基本结构示意图

（1）在开放式实时质量控制平台中，具体的质量控制方法与平台之间是相对独立的，各种质量控制方法以独立的模块形式连接到平台控制系统中，可以按业务运行方式连接，也可以按试运行方式连接。当研究人员要将其研究的某一质量控制方法进行试验时，需要编制相应的计算机软件进行实例化，并将软件连接到平台控制系统中。连接方法有源代码连接、动态链接库连接、进程连接等多种形式。其中进程连接形式最具有独立性，编程技术难度低，调试容易，所以选择进程连接形式，以方便各类研究人员的使用。将进程连接到平台控制系统中最容易实现，只要将该进程的文件名、方法名、研制单位名称、研制人员姓名和说明等相关信息写入到指定的质量控制方法列表文件中即可，该列表文件为文本文件形式。平台控制系统的主控程序会定时在指定的质量控制方法列表文件中搜索所登记的所有方法进程，并依次运行。

（2）具有统一、清晰的运行信息环境。平台控制系统负责实时资料数据库和基本参数库的建立、更新和维护。其中实时资料数据库是以自动气象站实时数据文件为数据源，该实时数据文件格式符合中国气象局关于自动气象站实时地面气象数据传输文件格式的规定，适用于基准气象站、基本气象站、一般气象站和区域自动站的实时资料传输。基本参数库包含了台站信息、各种历史统计值和其他常用信息。实时资料数据库和基本参数库的结构、内容和格式在质量控制平台接口说明书中进行详细说明，研究人员在编制软件时可以使用平台控制系统所提供的信息环境，无需独立创建、维护复杂的信息环境，只需注意如何更好地将自己研究的质量控制方法进行实例化即可。

如果某一质量控制方法对运行信息环境的要求超出了平台目前所提供的信息环境，则研究人员可以通过创建附加信息库的办法来扩充信息环境。平台管理人员也将根据质量控制方法的研究进展，适时地补充和完善运行信息环境，以便更好地满足研究和业务工作的需要。

（3）具有制定统一的输出格式。每一个质量控制方法运行后均需要输出一份质量控制报告，平台控制系统对质量控制报告的文档格式进行了统一。研究人员在编制软件时，只要将质量控制报告按规定的格式输出到指定的某一个文本文件中即可，不需要编制界面操作代码，因此，可大大缩短开发周期。平台控制系统会逐个检测各种方法所输出的质量控制报告，并负责相关处理任务。

（4）平台控制系统记录每一质量控制方法的详细运行信息，研究人员可以不定期地向平台控制系统获取该运行信息，通过对该运行信息的分析来了解某一个方法的质量控制效果，以便改进和完善。

（5）可以嵌入专家分析意见。平台控制系统为各自动气象站用户提供终端软件，各质量控制中心的技术人员可以通过该软件对自己负责的实时资料提出质量分析意见，并发送到平台控制系统中。

4.2 实时质量控制方法的应用设计

在同一个质量控制平台中可以连接并运行多种质量控制方法，每一个质量控制方法可以是一个综合性的质量控制模块，也可以是针对某一方面的质量控制模块，或是采用某一单项技术的质量控制模块。为了避免各种质量控制方法在分析中的重复，需要将各种质量控制方法进行合理组织，以达到最佳的质量控制效果。具体方法如下：

（1）设置实时数据库副本。在质量控制过程中所用的实时原始资料均取自实时数据库副本，该实时数据库副本是允许修改的。

（2）统一编制错误资料检查方法。在该方法中主要采用仪器测量极限检查、理论气候极值检查等技术，即在检查中可以确定某一个资料是否为错误。该方法作为第一优先运行，平台控制系统在实时数据库副本中将被确定为错误的资料修改为缺测。

（3）统一编制基本质量控制方法。在该方法中采用历史气候极值检查、历史气候极端现象检查、基于历史统计基础上的时间一致性检验、基于历史统计基础上的水平空间一致性检验、基于天气学和观测规范基础上的内部一致性检查等技术。该方法作为第二优先运行，平台控制系统在实时数据库副本中将被确定为错误的资料修改为缺测，但不修改疑误的资料。

在编制基本质量控制方法时，可以参考王伯民（2004）提出的方法，将在内部一致性检查时发现的相矛盾的几个数据中进一步确定错误数据，提高质量控制的准确性。同时尽量使用开放式编程技术，以便今后能加入新的质量控制技术。

（4）其他质量控制方法从第三优先级开始逐个运行。这些质量控制方法由各地的研究人员自行开发，并连接到系统中。在这些方法中不需要再使用错误资料检查方法和基本质量控制方法中所使用的技术。

如果这些方法中，有些方法可能使用同一种质量控制技术，它们均可以连接到系统中进行试运行，但投入业务运行时应择优，尽量保证业务运行的各种质量控制方法在技术上有互补性，避免重复。

（5）如果由研究人员开发的质量控制方法在运行一段时间后，确定其有较好的质量控制效果，并且比较稳定，则可以将其加入到基本质量控制方法中，以提高综合应用效果。

4.3 多种方法的质量控制结果的综合分析

在同一个质量控制平台中可以连接并运行多种质量控制方法，所以同一个气象资料可能有多种质量控制方法同时对其进行分析，并提出不同的质量分析意见，平台控制系统须将各种不同的意见进行综合，然后提出一个综合分析意见。本书采用一种“检错可信度”的综合方法，即当几种质量控制方法同时对某一个气象资料提出质量分析意见时，我们通过对这些质量控制方法的可信度值进行综合计算，得出综合可信度值，将这一综合可信度值作为平台控制系统对该气象资料的质量分析意见。

4.3.1 检错可信度的意义及获取方法

这里所谓的检错可信度，是指某一质量控制方法在质量控制中将某一被检查资料提出是“错误”的这一结论的可信度。由于每一种质量控制方法对不同气象要素的质量控制效果往往是不一样的，例如由某一研究人员提供的某一种质量控制方法，其可以对气压、气温和水汽压 3 种气象要素进行质量控制，对气压和气温要素的质量控制效果较好，检错可信度较高；对水汽压要素的质量控制并不很成功，检错可信度较差。所以必须获取每一种质量控制方法对不同气象要素进行质量控制的检错可信度。检错可信度可用式（4.1）表示：

$$p = e/n \tag{4.1}$$

式中 n 为该质量控制方法对某一要素的观测值提出异议（认为是错误或疑误，下同）的次数；e 为当该质量控制方法对某一要素的观测值提出异议时，实际确实是错误的次数；p 为该质量控制方法对该要素的检错可信度。

每一种质量控制方法的检错可信度是否接近客观事实，直接影响综合分析效果。所以需要客观地获取每一种质量控制方法的检错可信度，避免主观因素。可通过以下方法获取检错可信度：

将该质量控制方法连接到平台控制系统中进行试运行，在试运行期间平台控制系统自动为该质量控制方法建立一个“详细运行信息表”，并自动记录该方法每次运行的情况。当试运行一段时间后，我们可以将“详细运行信息表”中登记的被认为是错误或可疑的资料与经人工审核过的月气候资料（即 A 文件）进行比较，确定该资料是否为错误，即可通过统计获得该方法的检错可信度。也可以使用“详细运行信息表”中的信息，选择有不同代表性的几个测站资料，不定期地进行人工分析统计，从而获得该方法的检错可信度。统计时段越长，检错可信度值越接近客观情况。

每一种质量控制方法对不同要素的检错可信度，可以以静态参数方式嵌入平台控制系统的参数表中，也可以动态地输出到它的质量控制报告中。

4.3.2 综合可信度计算方法

下面举例说明综合可信度的计算方法。如果我们同时使用气候阈值检查和空间一致性检查对某一气温资料进行分析，结果是该两种方法都认为该气温资料是错误的，它们的可信度分别为 75% 和 50%，这两种方法中气候阈值检查的可信度最高，为 75%，我们可以认为综合可信度不低于 75%。如果我们认为空间一致性检查效果完全包含了气候阈值检查效果，则综合可信度应为 75%；如果我们认为空间一致性检查效果与气候阈值检查效果具有完全的互补性，则综合可信度应等于 100%，这是两种极端情况。现在我们取平均的方法，即认为该两种质量控制效果具有交叉性，即气候阈值检查中有 25% 是不确定的，但空间一致性检查认为该 25% 中又有 50% 是可信的，所以综合可信度可用式（4.2）计算求得：

$$R_2=P_1+(1-P_1)\times P_2=1-(1-P_1)+(1-P_1)\times P_2=1-(1-P_1)\times(1-P_2) \tag{4.2}$$

式中，P_1 为气候阈值检查可信度，P_2 为空间一致性检查可信度，R_2 为该两个可信度的综合可信度。将 P_1=75%，P_2=50% 代入公式（4.2）得到综合可信度 R_2 为 87.5%。

如果我们同时使用气候阈值检查、空间一致性检查和内部一致性检查，根据试运行期间的统计，它们的可信度分别为 P_1=75%，P_2=50%，P_3=60%，则我们先使用公式（4.2）计算 P_1 与 P_2 的综合可信度 R_2，然后再计算 R_2 与 P_3 的综合可信度 R_3，计算方法如下：

$$R_3=1-(1-R_2)\times(1-P_3)$$

根据公式（4.2）知 $1-R_2=(1-P_1)\times(1-P_2)$，所以：

$$R_3=1-(1-P_1)\times(1-P_2)\times(1-P_3) \tag{4.3}$$

将 $P_1 = 75\%$，$P_2 = 50\%$，$P_3 = 60\%$ 代入公式（4.3），得综合可信度 R_3 为 95%。

如图 4.2 所示。

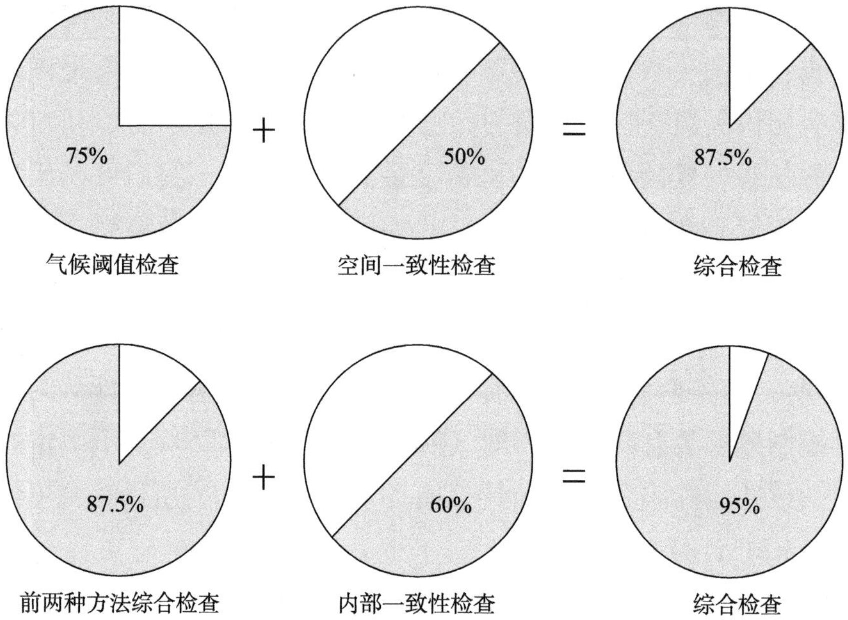

图4.2 可信度的综合方法

根据上述可信度的计算方法，如果质量控制方法为 n 个，则综合可信度 R_n 为：

$$R_n = 1-(1-P_1)\times(1-P_2)\times(1-P_3)\cdots\times(1-P_n)$$

即：

$$R_n = 1-\prod_{i=1}^{n}(1-P_i) \tag{4.4}$$

式中，P_i 为各方法的可信度，i=1，2，3，…，n，R_n 为综合可信度，n=1，2，3，…。

公式(4.4)与并联系统的可靠性计算完全一致。根据公式(4.4)可知，相对于单一质量控制方法而言，多种质量控制方法同时使用时可提高可信度。

根据经验，当综合可信度大于或等于 0.90 时，可以认为被检查值是错误的；当综合可信度小于 0.90 时，认为被检查值是可疑的。

4.3.3 如何提高综合可信度的准确性

我们可以通过“检错可信度的意义及获取方法”一节中所述的方法，统计获得平台控制系统的综合检错可信度，从而检验综合可信度的准确性，通过检验和完善，逐步提高综合可信度的准确性。影响综合可信度准确性主要有两方面原因：一是各种质量控制方法的检错可信度统计是否准确，各种方法的检错可信度越准确，综合可信度的准确性也就越高；二是质量控制方法的应用设计是否合理，如果投入业务运行的各种质量控制方法中所采用的技术具有较好的互补性，则综合可信度的准确性也就越高。

4.4 试用情况

该质量控制平台已于 2009 年 4 月起在浙江省进行 3 个月的试用，对浙江省 78 个自动气象站的气压、气温、相对湿度和降水量资料进行实时质量控制试验，并与人工质量分析结果进行比较，对质量控制的效果进行检验。

4.4.1 试用期间的质量控制方案

试用期间平台挂接的质量控制方法有仪器量程检查、气候极值检查、四方位空间一致性综合分析、内部一致性检查、时间一致性检查和空间方差检验等。这些质量控制方法由不同的研究人员提供，研究人员同时提供各质量控制方法的检错可信度的经验值。由平台管理人员编制质量控制方法列表，并保证将平均检错可信度最高的方法优先运行，如表 4.1 所示。表 4.1 中“气压”“气温”“相对湿度”和“降水量”各列的数值，为相应质量控制方法对该气象要素的检错可信度值。

表 4.1　质量控制方法

运行顺序	方法名称	气压	气温	相对湿度	降水量
1	仪器量程检查	0.90	0.90	0.90	0.90
2	四方位空间一致性综合分析	0.70	0.70	0.70	0.60
3	内部一致性检查	0.60	0.60	0.60	0.60
4	时间一致性检查	0.50	0.50	0.50	0.20
5	气候极值检查	0.40	0.40	0.40	0.40
6	空间方差检验	0.30	0.30	0.30	0.20

平台控制系统定时将区域内各测站的实时观测资料入库，实时资料入库完成后随即依次运行质量控制方法列表中所登记的每一质量控制方法。每一质量控制方法运行结束后均输出一个标准的质量控制报告。所有的质量控制方法运行结束后，平台控制系统将根据各质量控制方法所输出的质量控制报告进行综合可信度计算，平台控制系统根据综合可信度计算情况输出最终的质量控制报告。如果综合可信度等于或大于 0.9，则在最终的质量控制报告中认为该记录为错误；如果综合可信度小于 0.9 但大于 0.0，则在最终的质量控制报告中认为该记录为可疑。

综合可信度计算实例：2009 年 6 月 29 日 13 时的实时质量控制中，各质量控制方法对 58556 测站的气温资料 0.0℃提出了如下不同的质量控制意见，如表 4.2 所示。

表 4.2 各质量控制方法对某一气温资料的分析意见

方法名称	报告情况	检错可信度
仪器量程检查	没有提出意见	0.90
四方位空间一致性综合分析	认为可疑	0.70
内部一致性检查	认为可疑	0.60
时间一致性检查	没有提出意见	0.50
气候极值检查	认为可疑	0.40
空间方差检验	认为可疑	0.30

从表 4.2 可见，其中有 4 种质量控制方法均认为该气温资料可疑，根据公式（4.4），该 4 种质量控制方法对该气温检错的综合可信度为：

$$R_4 = 1-(1-0.7)\times(1-0.6)\times(1-0.4)\times(1-0.3) = 0.9496$$

因为该检错综合可信度大于 0.9，所以在最终质量控制报告中认为该气温资料是错误的。

4.4.2 与人工质量分析结果的比较与检验

为便于比较，我们定义了“检错准确率”和“错误记录检出率”两个统计概念，用于说明某一质量控制方法的优劣。这两个统计概念的意义如下：

检错准确率 = 提示为错误的记录中实际为错误的个数 ÷ 提示为错误的记录数

错误记录检出率 = 被检查出的错误记录个数 ÷ 实际存在的错误记录个数

从上述定义中可知，某一质量控制方法的检错准确率和错误记录检出率的值越大，方法越优，反之就越差。

质量控制平台在试用期间，自动保存了各质量控制方法输出的质量控制报告及经综合可信度计算后输出的最终质量控制报告内容。在试用期间同时对气压、气温、相对湿度和降水量资料进行人工质量分析。经过 3 个月的试运行后，将各质量控制报告中的信息进行统计，并与人工质量分析结果进行比较，得到表 4.3 所示的统计结果。

表 4.3　质量控制信息统计表

统计项目	气压	气温	相对湿度	降水量	合计
经人工分析确定为错误的记录个数	19	8	10	220	257
方法提示为错误或疑误的记录个数	40	63	18	755	876
方法提示中经人工确定的错误记录数	19	8	10	220	257
平台综合后提示为错误的记录个数	18	8	10	231	267
平台提示中经人工确定的错误记录个数	18	8	10	210	246

从表 4.3 可见，经人工分析确定为错误的记录共 257 个，我们将它作为实际错误记录个数用于计算检错准确率和错误记录检出率。被各种质量控制方法提示为可疑或错误的记录共有 876 个。下面我们分两种质量控制方案进行比较说明。

（1）第一种质量控制方案。如果不通过综合可信度计算进一步确定错误记录，则被提示的 876 个记录都成为被关注的可能是错误的记录，所以检错准确率为 29%，错误记录检出率为 100%。

（2）第二种质量控制方案。如果通过综合可信度计算进一步确定错误记录，则在这 876 个可疑或错误记录中只有 267 个记录被指定为错误，而该 267 个记录中经人工分析确定为错误的记录为 246 个，所以检错准确率为92%，错误记录检出率为96%。与前一种方案相比检错准确率提高63%，错误记录检出率降低4%。

通过上述的比较可知，两种质量控制方案的错误记录检出率均较高；如果通过综合可信度计算，进一步确定错误记录，则检错准确率显著提高，而错误记录检出率略有降低，但质量控制的实际效果明显提高。

4.5 应用说明

（1）自动气象站开放式实时质量控制平台为质量控制方法的应用和实验提供统一的接口和运行环境，使质量控制系统开发与质量控制方法研究的分开，使质量控制方法的研究工作具有相对的独立性，这对于提高质量控制方法的研究水平具有重要意义。

（2）该平台在浙江省进行了3个月的试用，在试用期间共采用五种质量控制方法，对78个自动气象站的气压、气温、相对湿度和降水量资料进行实时质量控制。实验表明，利用该平台的质量控制方法综合应用能力，使资料检错的准确率提高到60%以上。

（3）该平台采用综合可信度计算方法，使平台对各种质量控制方法具有综合应用能力，其实际应用效果与各种质量控制方法的组合性质相关，还需要在今后的实践中不断改进和提高。

第 5 章
地面自动气象站实时资料质量控制终端软件

5.1　概况

5.1.1　软件适用范围

地面自动气象站实时资料质量控制软件（V1.0 版）是基于中国气象局 2004 年颁发的《地面气象观测规范》和 2005 年颁发的《地面气象观测数据文件和记录簿表格式》的规定，以全国统一的自动气象站实时正点数据文件为数据源，设计原数据库、应用数据库，采用格式检查、理论限值检查、气候极值检查、要素内部一致性检查、时间一致性和四方位水平空间一致性综合分析方法，开发集研究与应用为一体的开放式实时质量控制平台，自主开发《地面自动气象站实时资料质量控制软件》，能检查并输出各种自动站（包括区域自动站）实时观测资料正点数据文件格式和各要素的质量错误、疑误提示，质量控制错误信息统计，实时资料各要素图形曲线分析，质量控制信息标志输出保存等功能。软件质量控制对象包括国家基准气候站、国家基本气象站、一般气象站、区域（中尺度）自动气象站收集正点地面实时资料。

可用于全国各省级、市级数据接收中心和自动站台站，各级相关业务人员和管理人员实时资料质量控制使用。

5.1.2 软件功能

- 开放式实时资料质量控制平台；
- 正点数据文件的格式检查；
- 正点数据的内部一致性检查；
- 正点数据的历史极值检查；
- 正点数据的量程及区域限定值检查；
- 正点数据小时变化量检查；
- 正点数据空间四方位空间一致性检查；
- 终端对各种检查结果显示；
- 疑误错误信息及数据显示；
- 疑误错误信息分类统计；
- 多站点或多层次数据曲线显示；
- 使用帮助。

5.1.3 软件组成

本软件由以下文件和目录组成：

(1) 主控程序

主控程序和各种方法说明如表 5.1 所示。

表 5.1　主控程序和各种方法说明

文件名	说 明
质量控制主控程序 .EXE	主控程序，负责后台各种质量控制方法的调度运行，各种方法输出结果的综合处理，库中气象台站信息表的管理、各种参数的设定，各种方法的效果评估
自动气象站实时数据质量控制—主控程序 .mdb	主控程序及各方法有关参数，SQL 服务器的参数
自动站正点数据下载及分发 .EXE	FTP 下载正点数据文件，对指定的台站进行下载，可补下载
自动站正点数据下载及分发 .mdb	下载正点资料所用的区站号、前 24 h 是否已下载的标记
格检 _ 入库 _ 初查 .EXE	对下载的正点数据，格式正确的予以入库，并对数据进行必要的初查
ZJ_NBYZX.EXE 输出文件（ZJ_NBYZX).DAT	每小时正点数据，单站内部各数据间的内部一致性检查
ZJ_LSJZJC.EXE 输出文件 ZJ_LSJZJC.DAT	对正点数据与该站历史上相应极值进行对比检查；对于资料年代较短的，可设置参考站；各主要要素的小时变化量检查
ZJ_KJJC-01.EXE 输出文件 ZJ_KJJC-01.DAT	正点资料的空间检查
ZJ_KJJC-02.EXE 输出文件 ZJ_KJJC-02.DAT	正点资料的四方位 MA 空间检查
ZJ_LCJC.EXE	根据各仪器的量程进行检查
ZJ_XSBH.EXE	对压温湿等数据进行定量的小时变化量检查

（续表）

文件名	说 明
ProcessDat.EXE	对各方法输出的 DAT 文件进行整理、综合，判定记录是否错误、是否可疑，统计运行信息，详细运行信息入库等
方法之壳 .rar	VB6 编制的质量控制方法的“壳”，提供了参数读取、数据读出、“添加你的方法”、输出到 DAT 文件等一系列过程。为快速开发研制质量控制方法提供参考
主控程序帮助 .DOC	主控程序的帮助文件

（2）质量控制信息显示终端程序

质量控制信息显示终端程序说明如表 5.2 所示。

表 5.2　质量控制信息显示终端程序说明

文件名	说 明
自动站数据质量控制 .exe	质量控制信息显示终端程序，可显示本省的实时质量控制信息，统计信息情况，要素数据空间显示、漫游，多站数据曲线同时对照显示，单站浅层数据或深层数据同时显示，质量控制信息分类统计
自动站资料质量控制 .mdb	终端程序有关参数，SQL 服务器的参数
MIDS.dll	地图显示的插件，可设置我国的任何一个省，放大率、中心点、竖直经线可定义。地图的放大、缩小、拖动
china.gmp	中国地图的数据，国界，省界，各省分色
zhejiang.gmp	浙江省地图的数据，省界，浙江省内各市，各市分色
终端程序帮助 .DOC	终端程序的帮助文件

5.1.4 软件的安装、卸载和启动

软件分主控程序和终端程序，主控程序的安装，因涉及数据库的安全，另外介绍。

软件的运行环境：Windows2000、WindowsXP、Windows Vista。网络要求能与本省的 SQL 服务器连接上即可。

本软件为 VB6 开发，需要安装。具体安装步骤如下：

步骤 1：双击“Setup 质量控制终端 .exe”文件，单击【是】，出现如下对话框，点“下一步”。如图 5.1 所示。

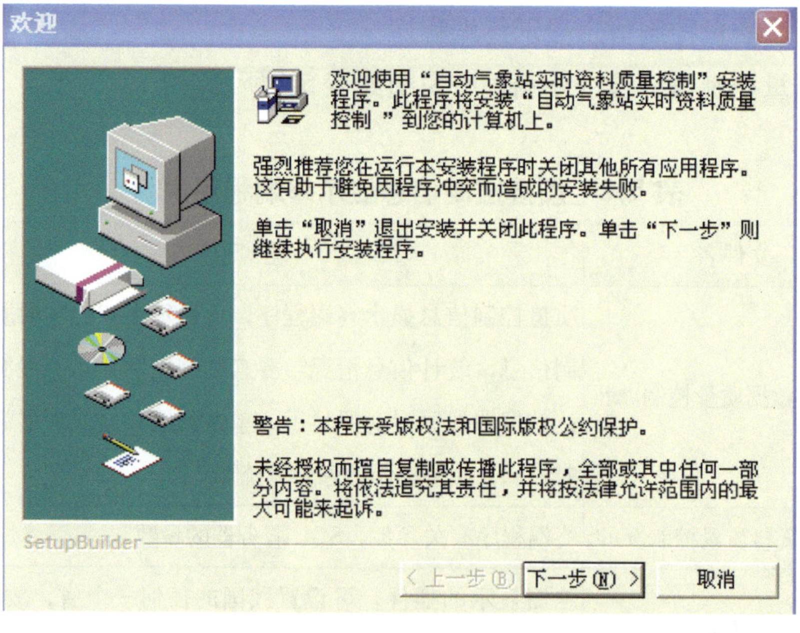

图5.1 安装步骤1

步骤 2：程序默认安装在 D：\ 自动气象站实时资料质量控制，如要更改驱动器，点击【浏览】按钮选择安装路径。点 [下一步]。如图 5.2 所示。

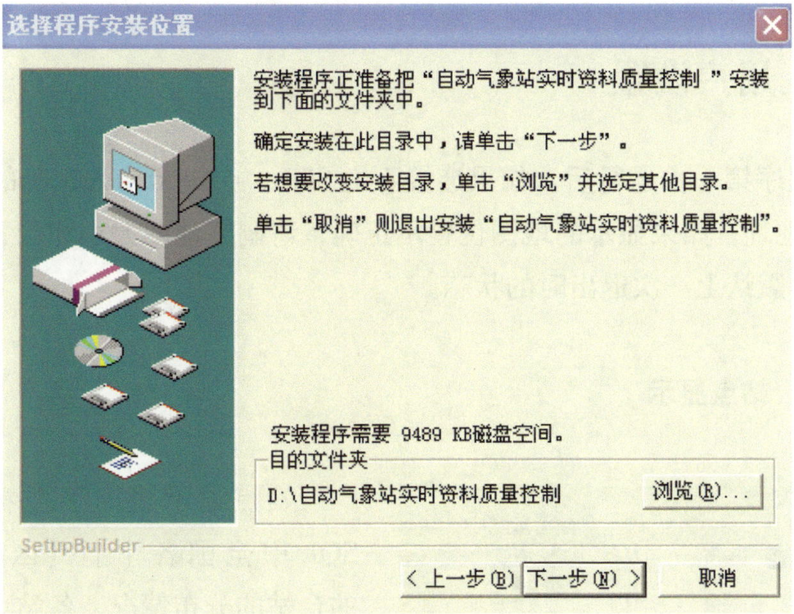

图5.2 安装步骤2

步骤 3：点击【安装】按钮后即开始自动安装。

安装过程中，因程序中有调用 EXCEL 功能，会提示安装 EXCEL 错误信息，不理它。

安装完毕即可运行。

卸载本软件，开始－程序－自动气象站实时资料质量控制－卸载。如图 5.3 所示。

图5.3 软件卸载

也可通过【控制面板】的【添加或删除程序】进行卸载。

5.2 用户设置

程序第一次运行后，如果连接不上SQL，会提示输入正确的SQL的IP地址，如果显示的地图位置不正确，请调整地图大小和位置，以后运行默认上一次退出时的状态。

5.2.1 站点显示

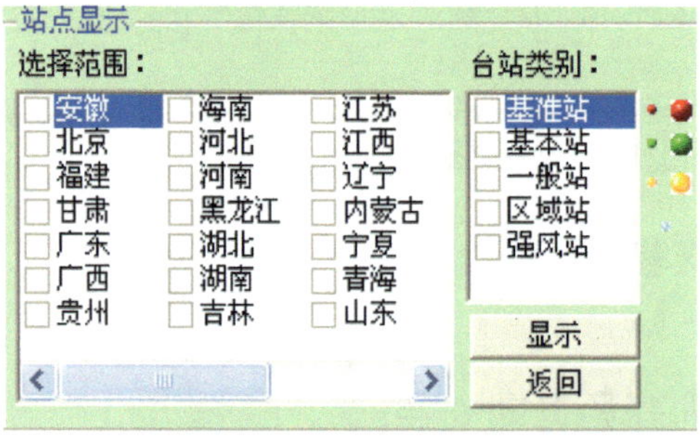

图5.4 站点显示

站点显示是为了查看一下SQL中全国各个省（区、市）的台站的分布情况，各站点的级别等，对质量控制信息无影响。

点击主菜单的【用户设置】下的【站点显示】，出现如图5.4所示的对话框：选择所在省(区、市)，可多选台站类别，则从数据库中调取台站站点信息，在地图上显示其位置，其中站点级别以图中颜色所示。

5.2.2 地图参数

我国地域辽阔,各省（区、市）的地理位置有很大差别,各省（区、市）的大小和形状也各不相同，以最好的效果显示所选的台站，那么地图中心、放大率、竖直经度（在地图上以哪个经度作为屏幕上的垂直线）、有条件的可叠加显示省级详细地图（如浙江省）。

点击主菜单的【用户设置】下的【地图参数】出现如图5.5所示的对话框，设置后可点击【确定】即可。其中【初始值】为程序内定的数据，为适合浙江省而定的数据；【取参数】为手动调节地图后，读取的当前的有关状态数据。兰勃托投影竖线经度值为90°～120°，如果是新疆，则经度定得小一点，如果是东部省份，则经度定为本省（区、市）主要经度线，这样，使得地图看起来是“正”的。“等经纬线”是变形的地图投影，北方有被拉长的感觉。“画经纬线”是指在地图上标经纬线。中心经纬度是显示当前地图的中心经纬度，比例尺与地图比例尺意义类似。“地图文件”为china.gmp，为中国地图数据及各个省（区、市）的界线，各个省（区、市）的着色等数据是一个一定格式的文本文件，此项必填。“附加地图”：当有一份更为详细的局部地图，格式与中国地图相同，可以是一个省内的地图，分市着色，如没有可不填。

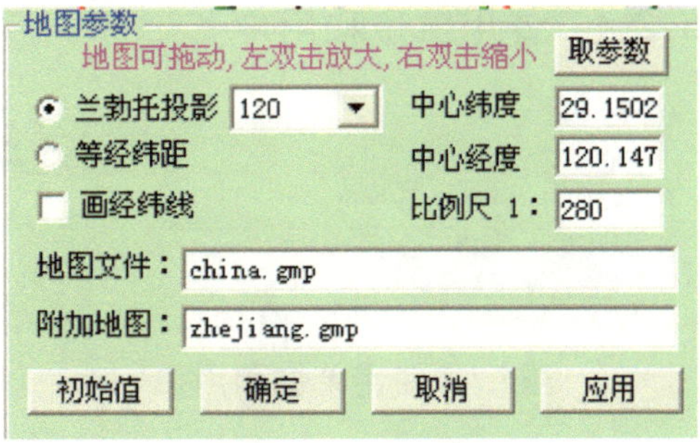

图5.5 地图参数

5.2.3 SQL设置

点击主菜单的【用户设置】下的【SQL设置】出现如图5.6所示的对话框：根据省级管理员规定，各级终端用户设置统一的SQL参数，即可正常运行。

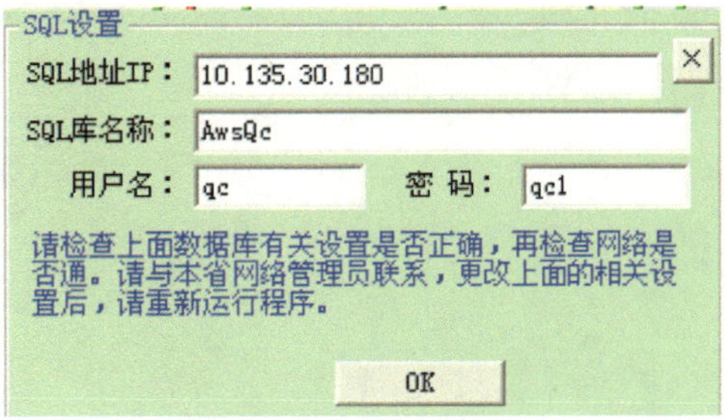

图5.6 SQL设置

5.2.4 使用单位和用户

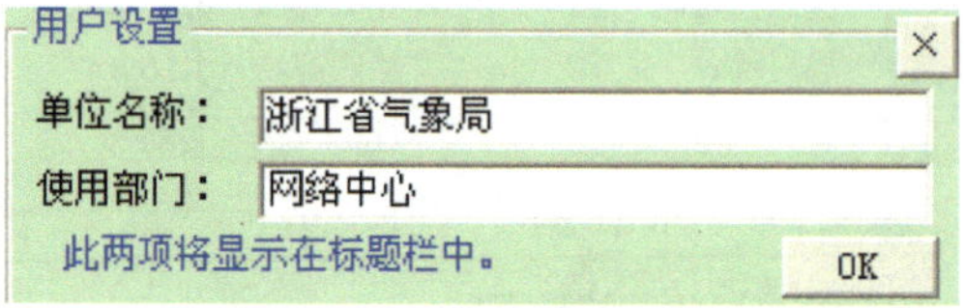

图5.7 使用单位和用户

用户单位是为了让省级管理员了解有哪些单位和个人在使用此程序，使用的程序的版本是多少，何时运行，共运行了多少次等信息。如图 5.7 所示，点击 OK 后，将相应信息显示在刚点击的菜单栏上。

5.3 质量控制显示设置

当启动程序后，程序主界面是一幅地图（图 5.8），地图上有多个站点，具有不同大小和不同颜色，大的表示国家站（基准站、基本站、一般站），小的表示区域站；绿的表示数据正常、黄的表示该站数据可疑、红的表示有错误，紫的表示数据缺测。左侧是个功能按钮，地图左上方有一个显示调整有关的设置栏，包括【时次】【地图调整】【显示设置】【省界】。

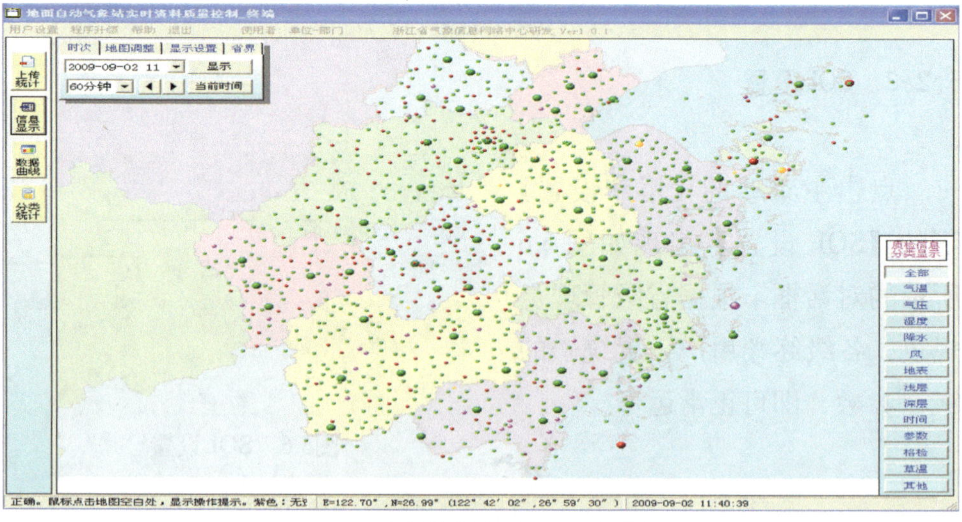

图5.8 质量控制程序显示主界面

5.3.1 时次

默认当前最近的正点数据。如图 5.9 所示，可调整日期时间，[当前] 表示现在这个时次，“刷新”表示重新调入质量控制信息。可在分钟显示框中用左右按钮调整当前显示的时次增减一个时间步长（60 min）。

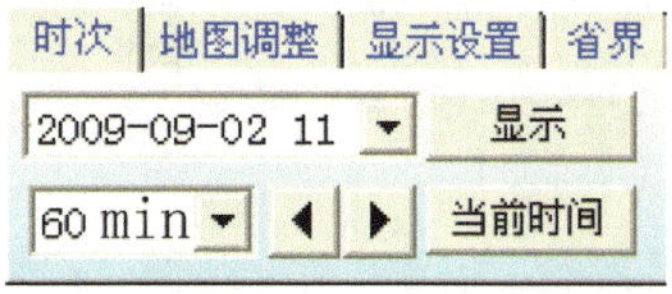

图5.9　时次

5.3.2 地图调整

点击“地图调整”出现如图 5.10 所示的对话框，在【允许调整】框前打“√”，在地图上，左键按下可拖动，左键双击：放大；右键双击：缩小。地图调整好后，去掉【允许调整】框前“√”，将自动回到时次栏。调整地图后，退出程序，可保存本次地图的设置值，下次启动程序，自动调入本次退出时的地图状态和窗体大小。

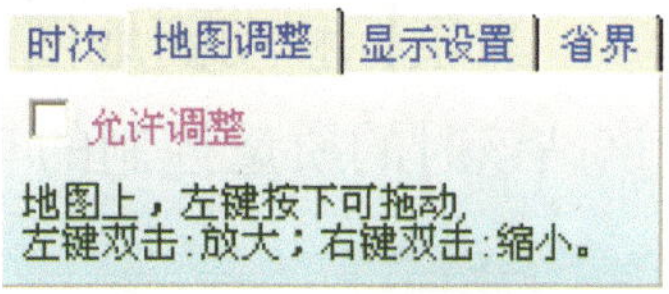

图5.10　地图调整

5.3.3 显示设置

左键点击【显示设置】，显示如图 5.11 所示的对话框，根据不同需要，分别选择【半透明窗】【气泡提示】【显示四周数据】【使用大球点】【显示站名】，可多选或单选。选择只需在该项之前打“√”即可。

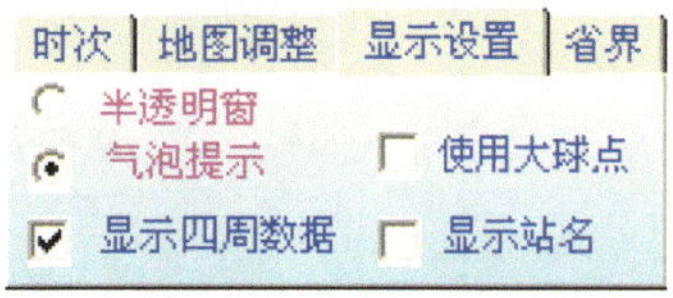

图5.11　显示设置

（1）半透明窗

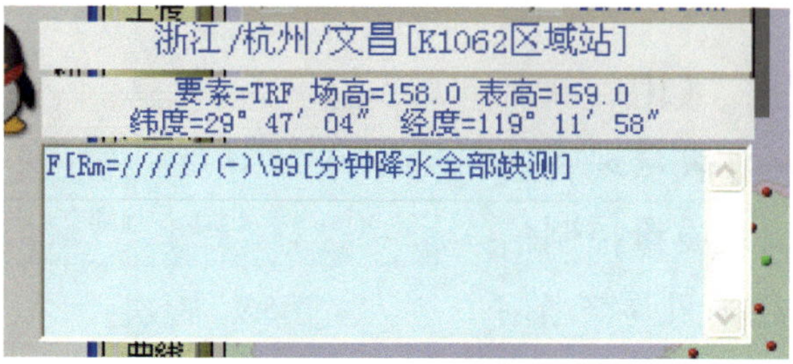

图5.12　半透明窗

当鼠标移动到地图上的站点时，对于绿色的，仅显示该站的站点基本信息，而其他颜色的，显示一个半透明的信息窗，显示内容为该站该时的质量控制的有关信息。如图 5.12 所示。

（2）气泡提示

当鼠标移动到地图上的站点按右键，显示该站的站点基本信息及该站该时的质量控制的有关信息。

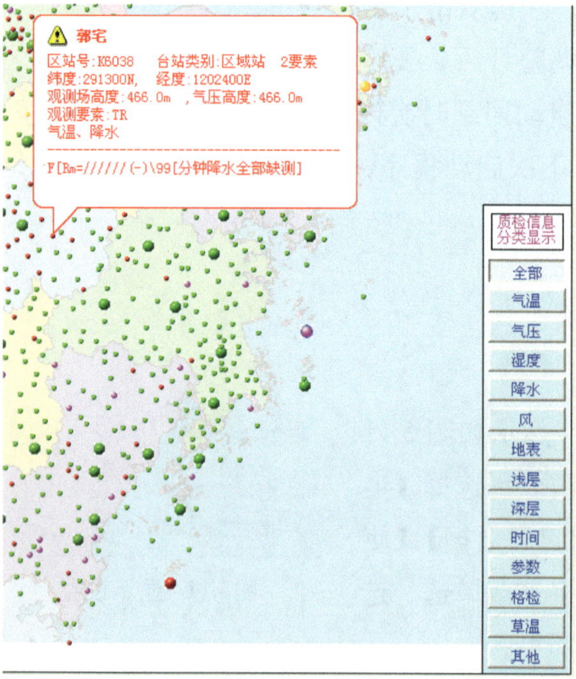

图5.13 气泡提示

如图 5.13 所示，图右下方【质检信息分类显示】，选全部或按要素，分别显示分类的质检信息。

双击左侧渐变窗体，可弹出颜色设置窗，设定后，能改变主窗体中有些背景。

（3）显示四周数据

选择【四周数据】框，左键单击任何站点，显示该站点及周围站的某要素数据记录，被点站的数据颜色为淡红色，如图 5.14 所示。

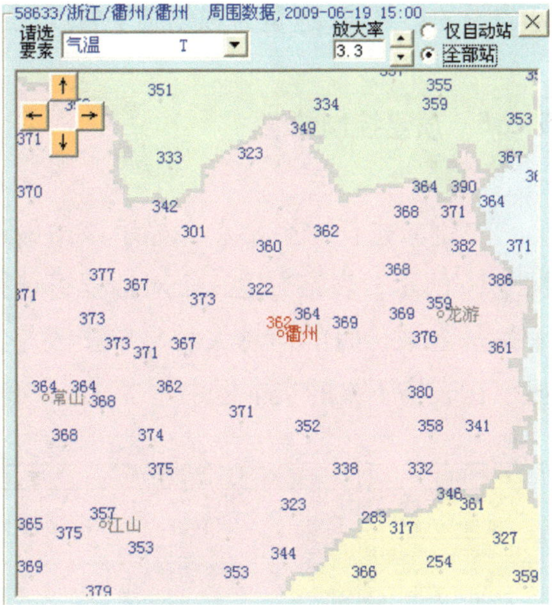

图5.14 四周数据显示

在显示的四周数据中，可点四个箭头按钮进行漫游，也可拖动。点放大率可缩放地图，显示的数据可以是全部站，也可以是仅国家站，这要视放大率情况和台站分布密度自定。显示的要素可点下拉选单，选择任何观测要素，对于风记录是按风标来显示，所有缺测均显示“/”。通过显示周围站的数据，判断指定站的数据与周围是否存在差异。

（4）使用大球点

当地图放大到一定程度，如只看某地区或小范围的自动站情况，区域站站点（小圆点）就显得太小，此时宜使用大圆点，有利于辨认。

（5）显示站名

选上【显示站名】，即可显示全省基本、基准、一般气象站的站名。

5.3.4 省界

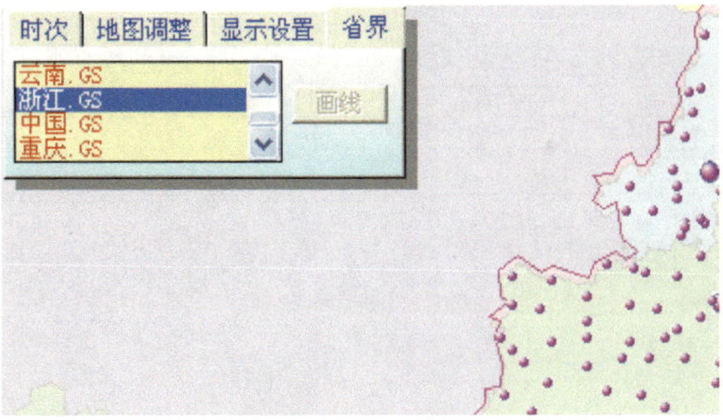

图5.15 省界

选择【省界】，将出现全国各省（区、市）可选对话框，如图 5.15 所示，右键点击【画线】，自动画出所选省份的边界线,这是为强化某个省（区、市）的边界,供制作材料参考。

5.3.5 质量控制信息

左键单击任一个站点，显示该站最近一天 24 h 质量控制信息，如图 5.16 所示，表格右边三个对话框可选择显示时间、地区（市）、某一个站。当某一时的信息太长，单击表格某一行，相应的质量控制信息显示在表格下方的文本框中。

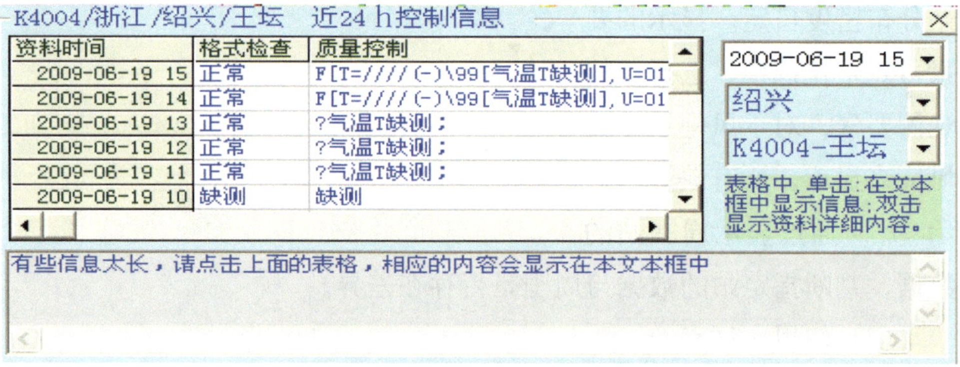

图5.16 近24 h质量控制信息

双击表格，显示该小时正点数据的详细数据内容，可以查看这个小时的所有字段的数据以及当时上传的文件原前三行数据。如图 5.17 所示。这样可便于找出错误所在，可分析是格式错还是数据错。

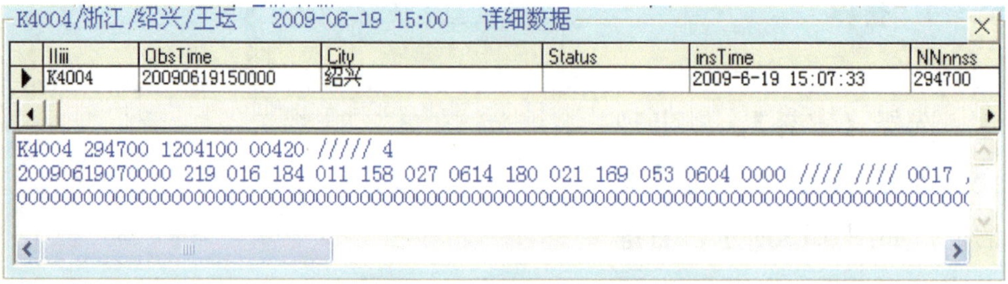

图5.17 详细数据内容

5.3.6 传输情况统计

左键点击屏幕左方功能菜单的【上传统计】，出现如下对话框（图5.18），统计表中可见全省总台站数，传输正常、错误、疑误、缺测站数所占比例。

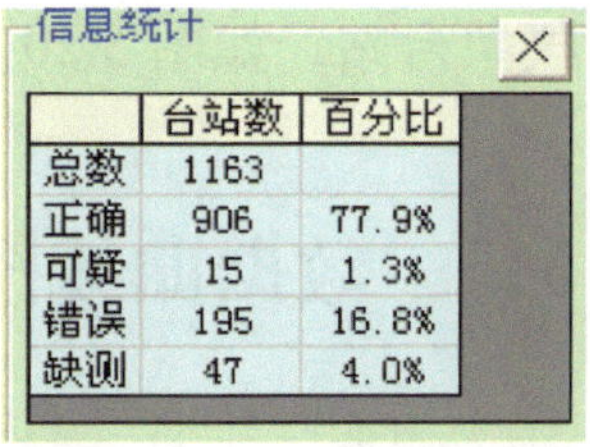

图5.18 传输情况统计

5.4 质量控制信息显示

左键点击屏幕左边功能菜单的【信息显示】，出现如下窗体“地面自动气象站实时资料质量控制信息”（图5.19），显示所选区域和指定时间的信息总汇。当选某一个单站时，可显示这个站近24 h的质量控制信息情况，连续地观察这个站的质控信息，分析出错原因。

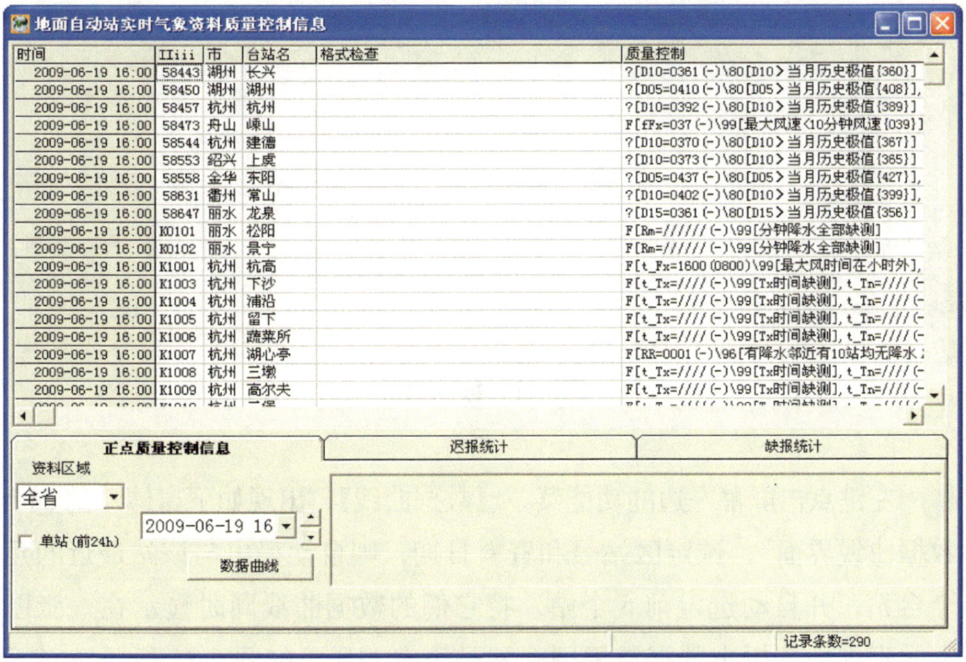

图5.19 地面自动站实时气象资料质量控制信息

在表格的左下方，可以限定台站的区域，可以是某个市的，还可以是某个气象台站。如图 5.20 所示。

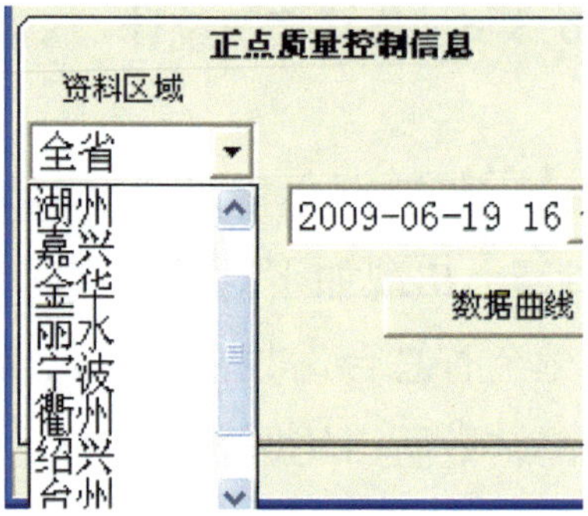

图5.20　正点质量控制信息

5.5　数据曲线图

为进一步便于人工分析，软件研发了与相邻测站曲线同时显示的功能。

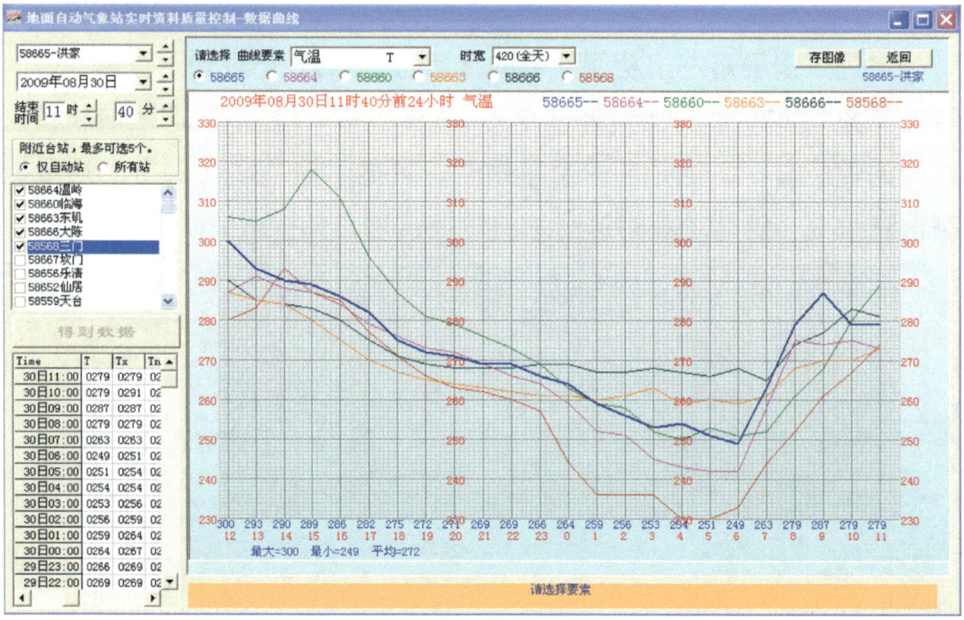

图5.21　数据曲线

左键点击屏幕左边的功能菜单【数据曲线】，出现如下窗体“前 24 h 数据曲线界面”，选定区站号和资料日期，则自动得出与该站最近的几个台站，并自动选定前 5 个站，将它们的数据曲线同时显示在一张图上，直观地分析出数据与周围台站是否有差异，如图 5.21 所示。对于浅层地温和深层地温，则显示同一站的变化情况，根据曲线的相位变化、地温值随深度变化可分析地温是否异常，是否安装深度有误（如5cm和10cm调换安装，可在曲线上很明显地判断出来）。对于降水和风、浅层、深层、蒸发等，则是显示单个站的数据，但可点击曲线图上方的台站单选钮，迅速切换到其他站，或者点【轮流显示】，以此来分析与周围站的联系，如降水或风是否随着时间的推移而移动等。所有要素均可显示，显示的类型主要有四类：温度、气压、湿度类以折线显示，雨量类以柱状图显示，分钟降水以虹吸雨量计迹线显示，风记录以达因风仪记录显示。都能很直观地表示数据的量值情况和变化情况。

最近站点均由程序自动计算所得，考虑到国家级台站和区域中尺度站观测要素不同，在选最近站点时，分别考虑，如果你选择了如地温等的数据，那么最近的台站应选国家级的，因为区域站无地温观测项目，不能显示相应曲线。

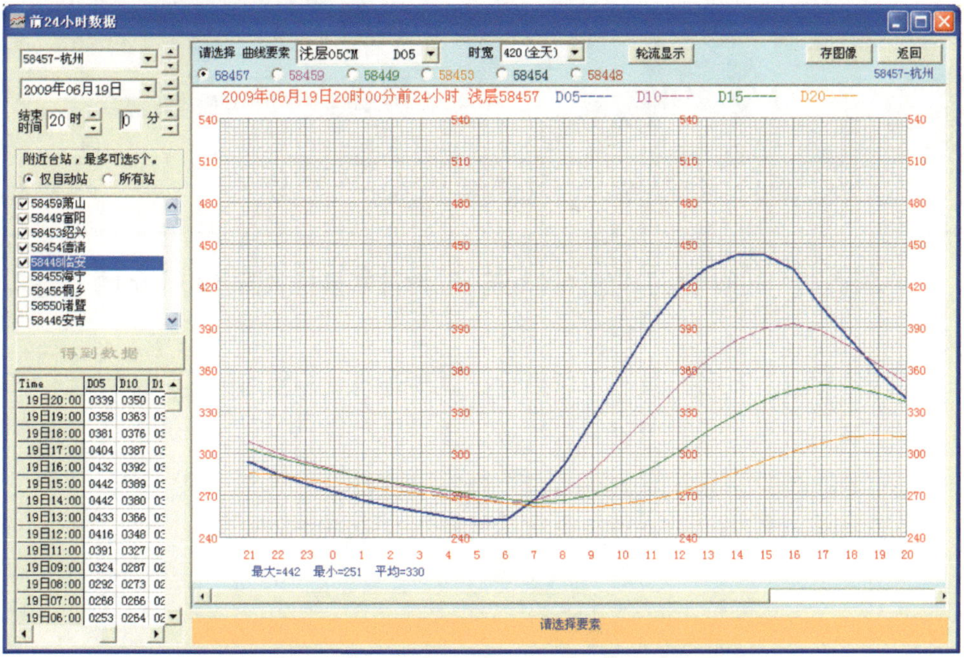

图5.22 2009年6月19日20：00前24 h浅层地温曲线图（0.1 ℃）

所显示的当前站的曲线相应较粗，周围站较细，颜色与单选钮颜色同。如图 5.22 所示，图中均有显示的示例。对于显示数据的上下限，程序均自动调整。粗线站点数据前 24 h 极值或平均值等在曲线图下方标出（图 5.22）。图 5.23，图 5.24，图 5.25 给出了降水（时降水、分钟降水）、风的曲线图。

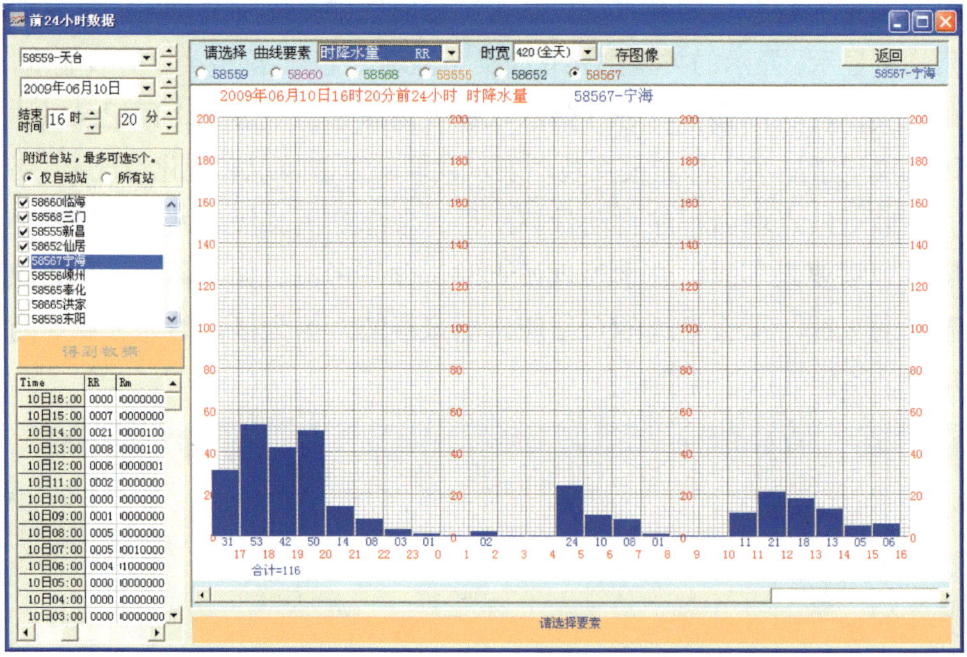

图5.23　2009年6月10日16：20前24 h时降水量柱状图（0.1 mm）

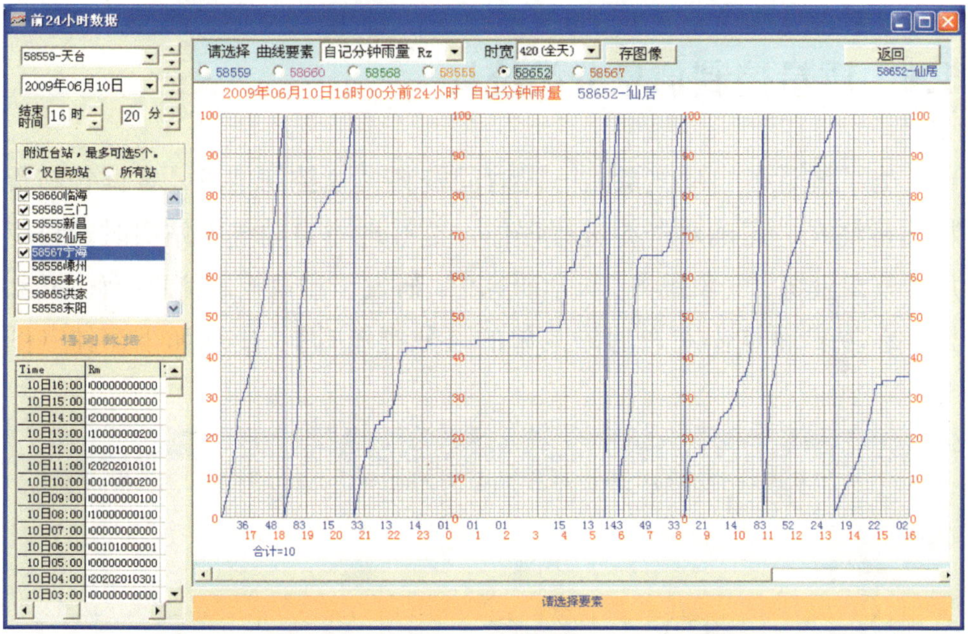

图5.24　2009年6月10日16：00前24 h自记分钟雨量迹线

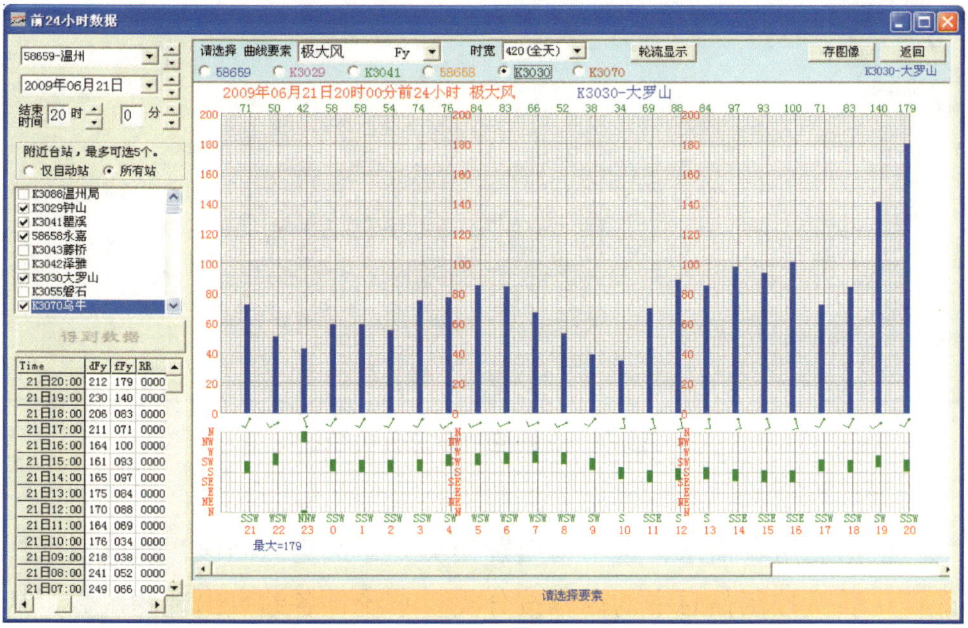

图5.25　2009年6月21日20：00前24 h极大风记录显示

5.6 质量控制信息分类统计

为了统计各自动气象站一段时间资料质量控制信息，掌握各站资料质量情况，正确对资料进行评估，更好地将自动气象站实时资料应用于气象业务、气象服务、科学研究中，研发了质量控制信息统计功能。

在主界面点击左边功能菜单的【分类统计】，出现如下窗体（图5.26）。

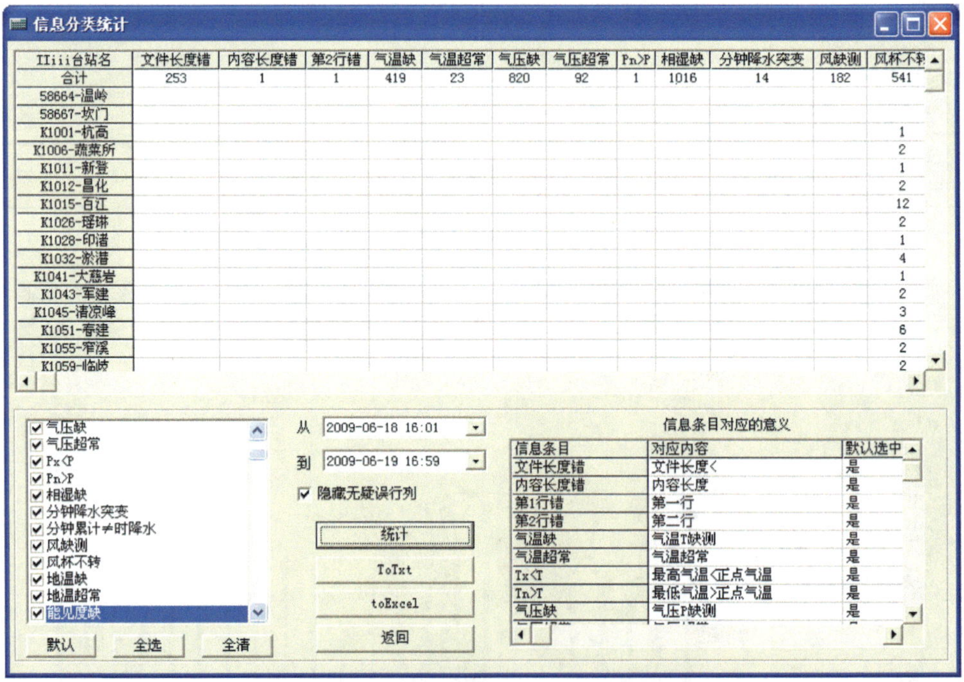

图5.26 质量控制信息分类统计

根据使用者需求，选中错误疑误类型，选定时间段，点【统计】，即可对质量控制信息中的内容按分类要求统计各站点出现的次数，从而分析这个站数据的整体性能，分析站点设备的运行状况。统计结果可保存为文本文件或EXCEL文件。各站所能出现的各种疑误信息情况，分为110多种，各种信息可选择，由于列太多了，不便导出到EXCEL中，但可将查询结果导出到TXT文本文件，再经过EXCEL导入到电子表格中。

第 6 章

应用效果示例

6.1 实例1

2009 年 5 月 19 日 10 时，台州白塔区域自动站仪器故障导致小时降水 111.6 mm 错误数据（图 6.1），使用四方位水平空间一致性综合分析方法查出。

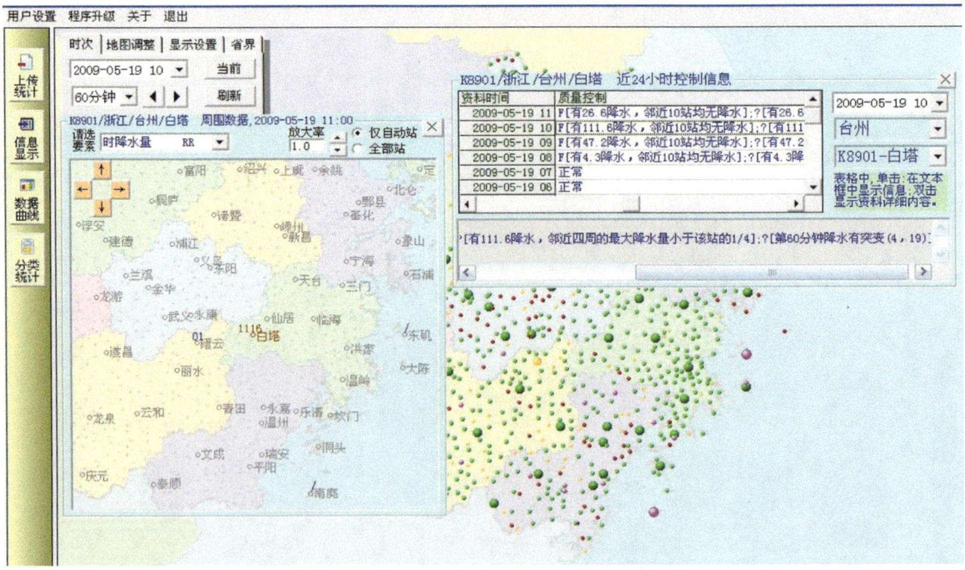

图6.1　2009年5月19日10时，台州白塔站雨量（0.1 mm）

6.2 实例2

2009 年 6 月 29 日 16 时，温州永嘉一般站因雨量传感器标效操作不当，处理错误，引起该站小时降水 10 mm 错误数据（图 6.2），当时天气晴朗无降水，应用四方位水平空间一致性综合分析方法查出。

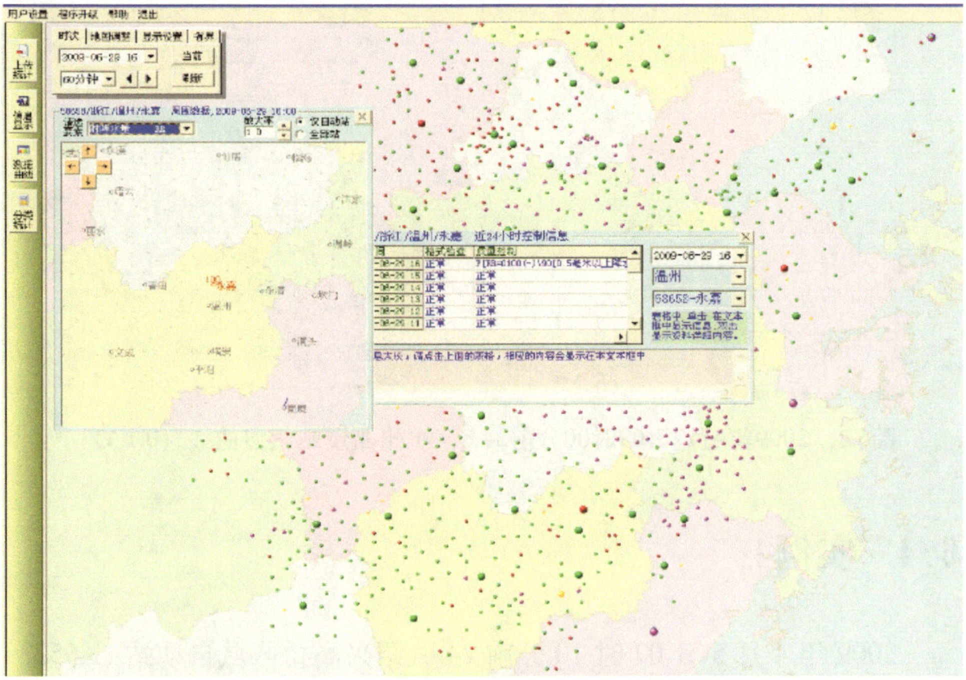

图6.2 2009年6月29日16时，温州永嘉站雨量（0.1 mm）

6.3 实例3

2009 年 4 月 7 日 09 时 00 分前 24 h，杭州西溪区域自动站（K1068）气温跳变剧烈（图 6.3），温度传感器损坏所致，应用多种质量控制方法综合查出，由开放式实时质量控制平台综合输出资料错误综合可信度，由 24 h 气温随时间变化曲线图显示，兼有相邻站曲线对比显示。

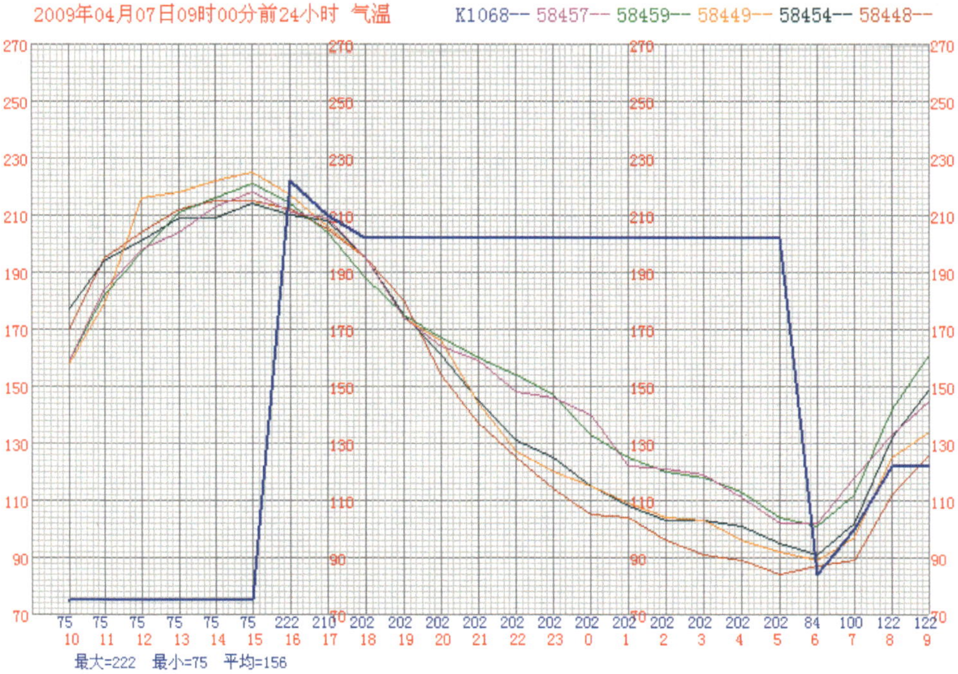

图6.3 2009年4月7日09时00分前24 h，杭州西溪站气温曲线（0.1 ℃）

6.4 实例4

2009 年 4 月 5 日 07 时 10 分前 24 h，绍兴高桥区域自动站（K5523）气温失真（图 6.4），5 日 04 时恢复正常。是由温度传感器不稳定所致，应用多种质量控制方法综合查出，由开放式实时质量控制平台综合输出资料错误综合可信度，由 24 h 气温随时间变化曲线图显示，兼有相邻站曲线对比显示。

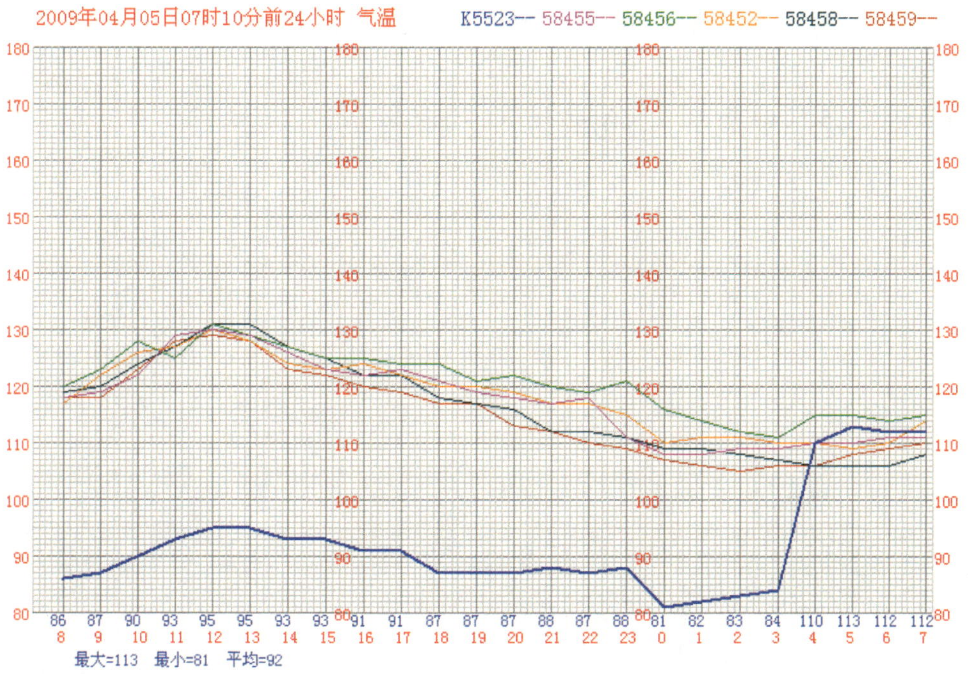

图6.4 2009年4月5日7时10分前24 h，绍兴高桥站气温曲线（0.1 ℃）

6.5 其他错误

（1）台站信息错误：上传的资料文件中，其第 1 行数据中应包含经度、纬度、观测场高度、气压传感器高度，个别市气象局发上来的文件中这些要素与上报的参数有出入，甚至均未填(有些填 0，有些填 /)。

（2）有些台站上报的台站经纬度明显有误，显示台站位置在本市区域外或远离本区。

（3）要素极值出现时间有问题：正点资料中各极值出现的时间应是一个小时内的时间，但仍有许多台站的这些时间出现在一小时外。

（4）格式错误：温州的单雨量站数据缺少第 3 行，即 NNNN<crlf>，当然对数据无影响，最好加上。

冬天时，当露点温度为负值时，有些站其数据格式为－××××，即数据有 5 位，应为－×××，如 -15.6 应为 −156，不能作为 −0156。由于这一个位置差异，将影响其后的所有数据。

后记

该地面自动站实时质量控制系统平台自2009年起在浙江全省一直应用至今已连续7年，其对全省2585个自动气象站（含区域自动站）进行自动质量控制的综合结果，按区域自动站管辖分区，通过台站综合监控系统显示，在全省75个国家气象站有人值守的管辖台站应用，对提高全省自动气象站资料质量，自动气象站仪器运行维护发挥了显著的业务应用效益。

参考文献

窦以文，屈玉贵，陶士伟，等 . 2008. 北京自动气象站实时数据质量控制应用 [J]. 气象，**34**(8)：77-81.

封秀燕，何志军，王荷平，等 . 2010. 自动气象站实时资料质量控制开发式平台设计 [J]. 应用气象学报，**21**(4)：506-512.

封秀燕，何志军，金志凤 . 2006. 地温资料的计算机审核方法 [J]. 气象科技，**34**(1)：116-118.

封秀燕，何志军，马仙妹 . 2004. 地面气象资料审核自动化技术研究 [J]. 大气科学研究应用，2：21-29.

封秀燕，何志军，吴书成 . 2013. 地面气象观测资料电子档案的安全性 [J]. 气象科技，**41**(2)：282-285.

何志军，封秀燕，何利德，等．2010. 气象观测资料的四方位空间一致性检验 [J]. 气象，**36**(5)：118-122.

刘黎平，张沛源，梁海河，等．2003. 双多普勒雷达风场反演误差和资料的质量控制 [J]．应用气象学报，**14**(1)：17-29.

刘小宁，鞠晓慧，范邵华 . 2006. 空间回归检验方法在气象资料质量检验中的应用 [J]. 应用气象学报，**17**(1)：37-43.

任芝花，刘小宁，杨文霞．2005．极端异常气象资料的综合性质量控制与分析 [J]. 气象学报，**63**(4)：526-533.

任芝花，熊安元，邹凤玲 . 2007. 中国地面月气候资料质量控制方法的研究 [J]. 应用气象学报，**18**(4)：516-523.

王伯民 . 2004. 基本气象资料质量控制综合判别法的研究 [J]. 应用气象学报，**15**(增刊)：50-59.

王海军，杨志彪，杨代才，等 . 2007. 自动气象站实时资料自动质量控制方法及应用 [J]. 气象，**33**(10)：102-109.

王新华，罗四维，刘小宁，等 . 2006. 国家级地面自动站 A 文件质量控制方法及软件开发 [J]. 气象，**32**(3)：107-102.

王梓坤 . 2007. 概率论基础及其应用 [M]. 北京：北京师范大学出版社：345-361.

吴增祥．2005. 气象台站历史沿革信息及其对观测资料序列均一性影响的初步分析 [J]．应用气象学报，**16**(4)：461-467．

熊安元 . 2003. 北欧气象观测资料的质量控制 [J]. 气象科技，**31**(5)：314-320.

中国气象局 . 2003. 地面气象观测规范 [M]. 北京：气象出版社 .

中国气象局 . 2005. 地面气象观测数据文件和记录簿表格式 [M]. 北京：气象出版社 .

周尚河．2000. 全国高空资料质量控制和建库方法的研究 [J]．应用气象学报，**11**(3)：364-370．

朱宗申，马清云，郝民，等 . 1999. 台风试验陆地加密观测在数值天气预报中的作用 [J]. 应用气象学报，**10**(1)：105-111.

朱宗申，马清云，郝民，等 . 2002. HRBEE 区域资料同化系统 [J]. 应用气象学报，**13**(2)：170-178.

WMO．2002. Quality control procedures of data from automatic weather stations．

附录A

实时资料质量控制平台接口使用说明

本书研制的实时资料质量控制平台具有开放性结构，即平台控制系统与具体的质量控制方法具有相对的独立性。平台控制系统自身不包含任何具体的质量控制方法，但为质量控制方法提供统一的接口，各质量控制方法以进程方式挂接到平台控制系统中，平台控制系统为挂接的各种方法提供统一的运行环境，并对各方法的输出进行了规定。研究人员独立开展质量控制方法的研究工作，根据研究成果编制相应的软件并挂接到平台控制系统中进行试运行，通过试运行考察其实际质量控制效果并不断完善，当其质量控制效果达到一定要求后，可挂接到平台控制系统中进行业务运行，在业务运行期间可继续对其进行完善。

以下为开放式实时质量控制平台的接口使用说明。

一、质量制方法的运行信息环境

本系统使用的 SQL2000 数据库环境，各种方法只需使用源数据表、台站信息表、历史统计值表，输出的是本地的文本文件，各数据表说明如下：

1. 数据表总检索表（表 A.1），表名为“数据库参数”。本数据表为数据表总检索表，为质量制方法提供运行信息环境的概况，各方法先读此表，此表的字段是不变的，但对应的数据表是可变的。

表 A.1　总检索表（表名为“数据库参数”）

字段名	数据类型	说　明
源数据表名	char	例：TAB_Source
历史统计值表名	char	例：Tab_HistoryShat
台站信息表名	char	例：Tab_StationInfo

2. 自动站实时观测资料表（表 A.2）。本数据表保存自动站原始观测资料，由平台控制系统负责其实时更新。

表 A.2　源数据表

字段名	数据类型	说　明
IIiii	char	区站号
ObsTime	char	资料观测时间。格式例：20090528020000
insTime	datetime	资料入库时间。格式例：2009-05-28 02：01：04.000
City	char	城市名
Status	char	质量控制输出状态（格式错误、文件太短）
NNnnss	char	纬度。格式例：301400，即为 30° 14′ 00″
EEEeess	char	经度。格式例：1201000，即为 120° 10′ 00″
H_Gnd	char	观测场高。格式例：00417，即为 41.7 m
H_Press	char	气压表高。格式例：00433，即为 43.3 m
OBS	char	OBS 码

（续表）

字段名	数据类型	说　明
dF2	char	2 min 平均风向
fF2	char	2 min 平均风速
dF10	char	10 min 平均风向
fF10	char	10 min 平均风速
dFx	char	10 min 最大风的风向
fFx	char	10 min 最大风速
t_Fx	char	10 min 最大风速的出现时间
dF	char	瞬间风向
fF	char	瞬间风速
dFy	char	瞬间极大风的风向
fFy	char	瞬间极大风速
t_Fy	char	瞬间极大风速的出现时间
RR	char	1 h 降水量
T	char	气温
Tx	char	最高气温
t_Tx	char	最高气温出现时间
Tn	char	最低气温
t_Tn	char	最低气温出现时间
U	char	相对湿度
Un	char	最小相对湿度
t_Un	char	最小相对湿度出现时间
E	char	水汽压
Td	char	露点温度

（续表）

字段名	数据类型	说　明
P	char	本站气压
Px	char	最高本站气压
t_Px	char	最高本站气压出现时间
Pn	char	最低本站气压
t_Pn	char	最低本站气压出现时间
D	char	地面温度
Dx	char	最高地面温度
t_Dx	char	最高地面温度出现时间
Dn	char	最低地面温度
t_Dn	char	最低地面温度出现时间
D05	char	5 cm 地温
D10	char	10 cm 地温
D15	char	15 cm 地温
D20	char	20 cm 地温
D40	char	40 cm 地温
D80	char	80 cm 地温
D160	char	160 cm 地温
D320	char	320 cm 地温
L	char	蒸发量
P0	char	海平面气压
VV	char	能见度
Vn	char	最小能见度
t_Vn	char	最小能见度出现时间

（续表）

字段名	数据类型	说　明
Rm	char	分钟降水量。共 120 字节，每分钟降水记录占 2 字节。
GT	char	草地温度
GTx	char	最高草地温度
t_GTx	char	最高草地温度出现时间
GTn	char	最低草地温度
t_GTn	char	最低草地温度出现时间

3. 历史统计资料表（表 A.3）。本数据表保存各测站的历史统计资料，由平台控制系统负责对其进行定期更新。

表 A.3　历史统计值表

字段名	数据类型	说　明
IIiii	char	区站号
Tx01~ Tx12	smallint	1—12 月最高气温
Tn01~ Tn12	smallint	1—12 月最低气温
Px01~ Px12	smallint	1—12 月最高本站气压
Pn01~Pn12	smallint	1—12 月最低本站气压
Dx01~Dx12	smallint	1—12 月最高地面温度
Dn01~Dn12	smallint	1—12 月最低地面温度
D05x01~ D05x12	smallint	1—12 月最高 0 cm 地温
D05n01~D05n12	smallint	1—12 月最低 0 cm 地温
D10x01~D10x12	smallint	1—12 月最高 10 cm 地温
D10n01~D10n12	smallint	1—12 月最低 10 cm 地温

（续表）

字段名	数据类型	说　明
D15x01~D15x12	smallint	1—12 月最高 15 cm 地温
D15n01~D15n12	smallint	1—12 月最低 15 cm 地温
D20x01~D20x12	smallint	1—12 月最高 20 cm 地温
D20n01~D20n12	smallint	1—12 月最低 20 cm 地温
Un01~Un12	smallint	1—12 月最小相对湿度
Fx01~Fx12	smallint	1—12 月最大 10 min 平均风速
Fy01~Fy12	smallint	1—12 月最大瞬间风速
dT1h	smallint	最大 1 h 变温
dT10m	smallint	最大 10 min 变温
dP1h	smallint	最大 1 h 变压
dP10m	smallint	最大 10 min 变压
dE1h	smallint	最大 1 h 水汽压差
dE10m	smallint	最大 10 min 水汽压差
dU1h	smallint	最大 1 h 相对湿度差
dU10m	smallint	最大 10 min 相对湿度差
dD051h	smallint	最大 1 h 5 cm 地温差
dD0510m	smallint	最大 10 min 5 cm 地温差
dD101h	smallint	最大 1 h 10 cm 地温差
dD1010m	smallint	最大 10 min 10 cm 地温差
dD151h	smallint	最大 1 h 15 cm 地温差
dD1510m	smallint	最大 10 min 15 cm 地温差
dD201h	smallint	最大 1 h 20 cm 地温差
dD2010m	smallint	最大 10 min 20 cm 地温差

（续表）

字段名	数据类型	说　明
dD401h	smallint	最大 1 h 40 cm 地温差
dD801h	smallint	最大 1 h 80 cm 地温差
dD1601h	smallint	最大 1 h 160 cm 地温差
dD3201h	smallint	最大 1 h 320 cm 地温差
Rx1h	smallint	最大 1 h 累积降水量
Rx10m	smallint	最大 10 min 累积降水量
Rx1m	smallint	最大 1 min 累积降水量
dF	smallint	2 min 风向和 10 min 风向差值
Lx	smallint	最大 1 h 蒸发
Vx	smallint	能见度上限值（视仪器而定 2000 或 20000）
Tx_Tn	smallint	气温时较差最大值（即 1 h 内极大值与极小值的差值）
Px_Pn	smallint	气压时较差最大值（即 1 h 内极大值与极小值的差值）
Dx_Dn	smallint	地面温度时较差最大值(即 1 h 内极大值与极小值的差值)

4. 台站信息表（表 A.4）。本数据表保存各测站的台站基本信息，以及各测站的邻近站分布情况。由平台控制系统负责对其进行定期更新。

表 A.4　台站信息表

字段名	数据类型	说　明
IIiii	Char	区站号
StationName	nchar	测站名称
Type	nchar	站类。分为基准站、基本站、一般站、区域站 4 类
ItemList	nchar	该站观测要素列表 PTURFDQKLVG，分别为压、温、湿、雨、风、地表、浅层、深层、蒸发、能见度、草温等自动站观测项目

（续表）

字段名	数据类型	说明
NNnnss	nchar	纬度。格式例：301400，即为 30° 14′ 00″
EEEeess	nchar	经度。格式例：1201000，即为 120° 10′ 00″
H_Press	nchar	气压表高。格式例：00433，即为 43.3 m
H_Gnd	nchar	观测场高。格式例：00417，即为 41.7m
Selected	bit	状态标志，0 或 1。若该值 = 0，则平台控制系统不处理该站
Province	nchar	测站所属省份名称
City	nchar	测站所属地市名称
Country	nchar	测站所属县市名称
RefIIiii	nchar	历史值参考台站的区站号
NearIIiiis	text	邻近站的区站号列表，以逗号分隔。格式例：58473，58484，K9545
N_00_20_iiis	text	北面 20 km 内邻近站的区站号列表
E_00_20_iiis	text	东面 20 km 内邻近站的区站号列表
S_00_20_iiis	text	南面 20 km 内邻近站的区站号列表
W_00_20_iiis	text	西面 20 km 内邻近站的区站号列表
N_20_30_iiis	text	北面 20 ~ 30 km 内邻近站的区站号列表
E_20_30_iiis	text	东面 20 ~ 30 km 内邻近站的区站号列表
S_20_30_iiis	text	南面 20 ~ 30 km 内邻近站的区站号列表
W_20_30_iiis	text	西面 20 ~ 30 km 内邻近站的区站号列表
N_30_50_iiis	text	北面 30 ~ 50 km 内邻近站的区站号列表
E_30_50_iiis	text	东面 30 ~ 50 km 内邻近站的区站号列表
S_30_50_iiis	text	南面 30 ~ 50 km 内邻近站的区站号列表
W_30_50_iiis	text	西面 30 ~ 50 km 内邻近站的区站号列表

二、质量控制方法的输出要求

挂接到平台控制系统的质量控制方法，每运行一次必须完成一次作业任务，即对各测站的本时次观测资料进行一次检查，并将本次检查情况输出到一个质量控制报告文件中。质量控制报告文件采用纯文本文件形式，该文件只保存一份输出报告，下一次输出时需更新文件内容。质量控制报告文件的格式规定如下。

1.质量控制报告的文件名规定

质量控制报告的文件名格式为：

xxx.dat

其中“dat”为固定的文件后缀名；“xxx”为该质量控制方法的符号名称，与该质量控制方法的进程名相同。

例如：一个由浙江省研发的气候检查方法，该方法的符号名称取为“zj_qhjc”，则其输出报告文件名为“zj_qhjc.dat”，其进程文件名为“zj_qhjc.exe”。

2.质量控制报告的信息格式规定

质量控制报告的信息格式为：

方法名称 = e_name，c_name，t_name，a_name

检查时间 =YYYY-MM-DD hh：mm

资料时间 = YYYY-MM-DD hh：mm

IIiii，D_name=s_data（a_data）\p[explain]，…

⋮

上述“(a_data)”“\p”和“[explain]”是可以省略的。

(1) 各符号说明

“e_name”：方法的符号名称；

“c_name”：方法的中文名称；

“t_name”：方法的研制单位；

“a_name”：方法的作者；

“YYYY-MM-DD hh：mm”：分别为年、月、日、时、分；

“IIiii”：测站的区站号；

“D_name”：要素的符号名称，使用源数据库中对应的段名；

“s_data”：源值；

“a_data”：建议值；

“p”：可信度；

“explain”：中文说明。

(2) 格式说明

①每行中区站号与要素检查信息之间用一个“,”作间隔符；

②每行中各要素检查信息之间用一个“,”作间隔符；

③“中文说明”内部的标点符号必须使用全角符号。

3.例子说明

由浙江省研制的气候阈值检查方法的符号名称为“zj_qhjc”，某一时次检查完成后输出一份质量报告文件 zj_qhjc.dat，该文件的内容如下：

方法名称 =ZJ_QHJC，气候阈值检查，浙江省气象局网络中心，封秀燕 吴书成

检查时间 =2009-01-01 14：05

资料时间 =2009-01-01 14 ：00

58477，T=123（100）\90，RR=304 （−）\60

58472，U=70 （100） \80 [有大雾但相对湿度小于 100%]，P=10304

58457，T=234\80，E=310（210）

在该质量报告中，该质量控制方法认为 2009 年 1 月 1 日 14 时有 3 个测站的观测资料有误（或可疑），具体如下 ：

（1） 58477 站 ：气温值 123 有误，可信度为 90%，建议改为 100 ；降水量 304 有误，可信度为 60%，建议改为缺测。

（2） 58472 站 ：相对湿度 70 有误，可信度为 80%，建议改为 100，原因是当时有大雾 ；本站气压 10304 有误。

（3） 58457 站 ：气温值 234 有误,可信度为 80% ；水汽压 310 有误，建议改为 210。

三、质量控制方法检错可信度的获取

质量控制方法认为某一个数据是错误（或疑误）的可信度称为“检错可信度”。检错可信度的统计方法如下 ：

$$P = E/N$$

式中 ：N 为该质量控制方法对某一要素的观测值提出异议（认为是错误或疑误，下同）的次数 ；E 为当质量控制方法对某一要素的观测值提出异议时，实际确实是错误的次数 ；P 为该质量控制方法对该要素的检错可信度。

例如 ：一个气候极值检查方法运行 3 个月后，总共对 100 个气温资料提出异议，而其中只有 80 个气温资料确实是错误的，则该方法对气温的检错可信度为 80%（即 80/100）。

同一个质量控制方法对不同要素的检错可信度有时是不同的，所以每一个质量控制方法，需要统计其对各要素的检错可信度。

每一个质量控制方法的检错可信度值是否接近客观事实，是影响开放式质量控制平台运行效果的关键。在试运行期间，检错可信度可以确定一个估计值。在投入业务运行时，检错可信度值需要通过客观统计得到，减少主观因素。下面两种客观统计方法供参考。

1. 试运行期间的检错可信度客观统计方法。每一个质量控制方法在试运行期间均可得到一个该方法的“详细运行信息表”，将该信息表中登记的被认为是错误或可疑的资料与经人工审核过的月气候资料（即 *A* 文件）进行比较，即可获得该方法的检错可信度值。统计时段越长，检错可信度值越接近客观情况。

2. 试运行前的检错可信度客观统计方法。使用本地区历史源数据创立与本系统一致的源数据库。运行该方法，将该方法认为是错误或可疑的资料与经人工审核过的月气候资料（即 A 文件）进行比较，即可获得该方法的检错可信度值。

四、质量控制方法研制人员的工作内容

1. 研究质量控制方法的理论和技术，并根据研究成果以及开放式平台所提供的基本运行信息环境（即源数据、台站信息、历史统计值）和输出要求，编制相应的质量控制软件。该软件可以是一个综合性的质量控制软件，也可以是一个有针对性的质量控制软件。在一个有针对性的质量控制软件中，可以只对自己所关心的要素进行质量控制，也可以只对自己所关心的某些情形下的某些要素进行质量控制。

2. 向质量控制平台管理人员提出申请，要求挂接自己的方法进行试运行。

3. 运行一段时间后，通过质量控制平台获取该方法的“详细运行信息表”，分析运行效果，统计检错可信度，改进方法。

4. 如果运行一段时间后，软件性质稳定，质量控制达到预期效果，可以向质量控制平台管理人员提出申请，要求将该方法投入业务运行。